马锐 著

认知

职场是不能放弃的战场

中国文史出版社
CHINA CULTURAL AND HISTORICAL PRESS

图书在版编目（CIP）数据

认知：职场是不能放弃的战场 / 马锐著. —— 北京：
中国文史出版社, 2024.1
ISBN 978-7-5205-4520-4

Ⅰ.①认… Ⅱ.①马… Ⅲ.①成功心理—通俗读物
Ⅳ.①B848.4-49

中国国家版本馆CIP数据核字(2023)第232833号

责任编辑：卜伟欣

出版发行：	中国文史出版社	
社　　址：	北京市海淀区西八里庄路69号院	
邮　　编：	100142	
电　　话：	010—81136606　81136602	
	81136603（发行部）	
传　　真：	010—81136655	
印　　装：	廊坊市海涛印刷有限公司	
经　　销：	全国新华书店	
开　　本：	32开	
印　　张：	8.75	
字　　数：	165千字	
版　　次：	2024年3月北京第1版	
印　　次：	2024年3月第1次印刷	
定　　价：	49.00元	

三十岁的我想告诉你的
是我二十岁时最想要明白的道理

前言　　马锐

心中是理想，现实是"战场"

"身为一名职场女性，你如何巧妙地平衡你的事业、家庭和日常生活？"

"事业与家庭，你更倾向于关注哪一个？"

"你认为工作是否会对家庭产生影响？"

"在繁忙的工作中，你如何确保能够照顾到家庭的需要，同时保持事业的成功？"

这几乎是所有成功女性都会被问到的问题。但是，我认为这本身就是一个错误的问题。男性难道就不会面临平衡工作和家庭的挑战吗？

尽管女性身份的多元化让她们在职场上面临更多的性别歧视，但优秀的女性并不会让这些世俗的偏见束缚自己。她们会努力寻求多面人生的最佳解决方案。

过去的中国，女性常被定义为"三围女人"，日复一日地在厨房的灶台边忙碌，将生活的重心围绕在丈夫和孩子之间，生命的轨迹似乎只能在这狭小的家庭圈子里旋转。这是一个被传统观念束缚的时代，女性的角色被局限在家庭中，她们的才华和价值被埋没在琐碎的家务事里。

如今，女性不再仅仅局限于婚后成为全职太太，而是越来越多地选择走向职场，寻求自我价值的实现。她们渴望得到尊重和认可，希望展示自己的能力，展现多维度的自我。然而，当这些女性满怀信心地踏入职场，准备大展拳脚时，却发现晋升的道路异常艰难，充满了挑战和阻碍。

职场如战场，她们需要灵活运用各种策略，时刻保持清醒的头脑，才能立于不败之地。

《2018 年中国女性职场现状调查报告》显示，职场中女性员工与男性员工的收入差距相较前一年缩小了 8%。这一数据的出现，似乎预示着女性在职场中的地位正在逐渐提高。

与此同时，报告还指出，女性对家庭经济的贡献已经达到了 35%。这意味着，女性已经不再是仅仅围绕着锅台、丈夫和孩子，而是在家庭的经济生活中扮演着越来越重要的角色。她们走出家庭，进入社会，在各行各业中展现女性的独特力量。她们不再是传统观念中的"三围女人"，而是拥有事业追求、独立人格的新时代女性。她们用智慧和努力，书写着新时代的女性传奇。

　　然而，光辉和传奇的另一面是很多女性十年寒窗苦读，走入职场不久就不得不面临婚育问题，在母职的困境中，女性在成为母亲后，面临着个人发展的全方位下滑。这一方面是由于社会的客观限制，另一方面是因为她们将自己束缚在神圣的母亲角色中。她们想要重返职场，却无从下手，不知如何平衡工作和家庭，担心回到职场后无法适应；她们害怕加班，担心无法照顾好孩子，想要换工作，却又不知道自己能做什么；她们甚至害怕社交，与他人沟通困难，因为全职在家，世界只剩下孩子、丈夫，没有新的话题，也不懂最新的潮流。

　　就这么放弃吗？不！

　　一个女人，为家庭、为孩子创造价值，是出于无私的爱，而为自己创造价值，是作为一个人，天然的权利和本能，无法被凌驾，不应被牺牲。

　　我们最不能放弃的就是生而为人的价值，职场就是体现女人价值的最佳场所。

　　如果把人生比作一场比赛，我觉得它就像一场摔跤赛，只要不放弃，比赛就没有结束。

　　我曾经为光芒四射的明星们服务，现在服务于每一位普通爱美的女孩，我见证过很多奇迹的诞生，这些奇迹是女性从美中找到自己后，迸发出的力量。

而我，只是在她们找到自己的过程中，助力一把，送她一程。

很多人却为此受益终生。

我记得有次下了节目，一个粉丝妹妹追到后台拦住我，说谢谢你马锐老师，如果不是你对我的鼓励，我可能跟我村里很多的同龄人一样，已经是三个孩子的妈妈，整天家长里短琐事不断，困在自己的小世界里。我能站在这里，以一个女性创业者的身份对你说谢谢，全是因为当时你对我说的那句话："你的命运应该握在自己手里，而不是指望一个男人，或者一段婚姻。"

我看着那个满脸自信、光彩熠熠的女孩，才想起六年前她曾经给我留言，说自己刚毕业出来工作，收入低微，又被中介机构骗了一笔钱，马上面临着交不起房租的困境，老家父母为了一笔彩礼催着她回去结婚，而她当时也生了动摇之心，尽管她都没见过那个比她大十来岁的男人，却想因此赌上自己的半生。这显然是一个更大的冒险。幸运的是这个女孩听取了我的建议，退掉了回老家的票，后来也成为美妆行业的一名从业者，到现在她已经有了自己的工作室，也挣到了比那笔彩礼多得多的钱，更重要的是，她不再为自己的人生感到困惑和摇摆，而是笃定大胆地选择了自己的未来。

像她这样的女孩其实很多，女性在二十岁左右作出的选择往往会决定她后半生的命运。我见过很多出身于贫困家庭的女性，几乎毫无例外地被投进自己所不能掌控的婚姻生活中，成为他人的附庸品，在生下几个孩子后，改变命运的机会变得如此渺茫。受几千年传统文化的影响，在一些落后地区，可能依旧有人会说："女孩子读那么多书干吗？女子无才便是德。女孩子最好牺牲自己，放弃自己的事业，安安静静地相夫教子……"

值得庆幸的是，我们所在的这个世界优胜劣汰、强者自强，没有人可以打倒一个强者。当你选择主动进取的时候，命运就牢牢地掌握在自己手中。

面对困难，有人选择了与命运叫嚣："从出生到死亡，你的人生就是场摔跤比赛！"

可是更多人会下意识地避免"摔跤"，去选择一条看似轻松实际更难的路，但结果却因此要付出更高昂的代价。

因为人性就像看不见的手，在时刻掌控着我们的命运。

你不妨细想一下，人性的特点是什么？趋乐避苦、趋利避害。一旦顺应它，便很容易坠入平庸的陷阱。要想成为全新的自己，掌控人生主动权，就要练就对抗平庸的本领。真正厉害的人都懂得：行动起来，才是变优秀的第一步。

越来越多的女性渴望独立，并且已经走上了这条道路。

如何对抗平庸，抓住属于自己的机遇，成为一个真正独立的女性，就是我这本书想分享的内容，假如你期望从这一刻起改变命运，也许下面我说的话能对你有所帮助。

女性想要实现真正的独立，首先必须实现经济独立，能够自主支配自己的收入。这将赋予她们力量，使她们能够追求自己的梦想，实现自我价值。

在这个过程中，我看到现代的女性角色发生了深刻的变化。她们不再是被动的存在，而是开始主动地掌握自己的命运。这种转变不仅仅是经济上的，更是对传统性别观念的挑战和超越。

因此这个过程，几乎是伴随着血淋淋的摔打，而有很多的跤其实是没有必要摔的。

今天，我把自己从血泪伤痕的经历中体验出来的道理，双手捧出来，交给信赖我的读者们，为你们保驾护航，去到你们想要的彼岸。

在这本书里你会看到，它多维度聚焦了女性在成长、认知、创业、职场等各角度的困惑，真实还原了大家在面临生活、家庭、职场、人际交往等场景时会遇到的问题。从更现实的角度揭示了女性在成长过程中所遇到的挑战和困境，深入探讨在面对这些困难时如何保持自信、坚定和勇气。我会结合自身经历，通过真实的故事和案例分析，为读者提供实用的技巧和建议，引导读者在面临困境时如何作出正确的决策，提升自我认知和自我价值感。

此外，我也关注了女性在职场中面临的各种问题，如职业规划、职业发展、人际关系等，我会有针对性地提出行之有效的方法和建议，帮助那些渴望经济独立的读者。希望你们能从中获益，我会为此感到幸福！

contents\\ 目录

3

选对同行的人，更容易成功

4

职场的情，不是情感，是情理

5

不是『多说话』，是『说对话』

6

活出自己，不被定义的人生

认知

职场是不能

放弃的战场

1

找到自己是最重要的事，
没有之一

01

我们的目标不是婚姻，而是爱

因为工作性质，大部分时间我都在跟女性打交道，它让我对女性的世界更了解，而关乎她们的喜乐哀怒、她们的忧虑、期许跟压力，我也更清楚。不管是光鲜靓丽的女明星，还是普普通通的上班白领，女人到一定年纪之后，都会面临来自各方面的压力。

父母说："你再不结婚就成老姑娘了，以后很难嫁出去。"

亲戚说："你看那家的姑娘，都这么大了，还不结婚，是不是有问题？"

朋友说："赶紧结婚吧，年纪再大点就是别人挑你了。"

面对父母的催促、亲友的白眼，很多女孩最后可能还是会妥协，选择一个并不合适的人，走进将就马虎的婚姻。而走进婚姻后你需要面对现实种种不堪的问题，独自咽下因为草率决定生出的诸多辛酸委屈，那些催促你走进婚姻里的人并不会对此负责。

越是过早被动走进婚姻的女性，越可能过上贫穷不自由的生活。

也许拿着书阅读的你此刻也有很深的感触，但又不得不面对大环境施加给自己的压力。尤其单身女性过了 30 岁后，在传统观念里，容易被扣上一顶"帽子"——大龄剩女。

这个词语在中国语境下，夹杂着周围人略带歧视的同情情绪，会给未婚女性造成无形的精神压力。相比于男性更长的适婚时段来说，在人们观念中，女性的适婚时段似乎总是很短促，让她们在职场、生活中难以权衡。

要不找个男人嫁了吧

曾经有粉丝给我留言，她说她是个很普通的女生，家境一般，长相一般，能力一般，现在摆在她面前的有两条路：要么跟有房有车没感情的相亲对象结婚，过上一种相对稳定富足的生活；要么继续跟同样一贫如洗的初恋处着，不知道何时能靠微薄的工资组建一个属于她们的家……

我把她叫作"一般女生"吧，她可以说是我们大多数人的真实写照，面对来自现实和家人的各种压力，曾经纯粹的感情似乎变得没那么重要，我们的人生不知不觉走到了一个岔路口，要不要结婚，跟谁结婚？

我想说的是，我们大多数女人对婚姻有一个误解，好像我们在求职、创业、考公、追梦等任何事情上受到挫折后，都会有婚姻这条退路等着自己，"要不找个男人嫁了吧？"

这种时候，我们会把婚姻描绘得如同庇护所，一个神圣的殿堂，人生的拯救，让女人觉得婚姻就是自己最后的保障，觉得找到个男人就可以坦然躺平享受生活。这样看来似乎真的是挺不错的选择，人生不用自己努力了，工作可以得过且过了，后半生的日子都有保障了，那些玛丽苏电视剧不都是这样演的吗？

如此看，别说女人，就连我一个男人都未免心动。

不乱结婚，是一个女性该有的自觉

但真的是如此吗？

真相是，受这种心态的驱使，你很难真的找到一个靠谱又"优质"的男人，婚后也很大概率变成一个工具人＋保姆的角色。有句话叫"物以类聚，人以群分"，当你状态不佳的时候，你又怎么能找到那个最好的他呢？

作为男人，我不妨对你说一些并不好听的实话，大部分的男人结婚是要看到实打实的利益的，要么你能和他并驾齐驱，减轻他的压力，要么你就给他提供他最需要的东西。

别的你也没有，那你能给的，就只剩下了人格、自尊和生育能力。

薛兆丰教授曾在《奇葩说》里谈到"婚姻的经济学意义"，他说："结婚就像是办企业，签合同。双方都需要拿出自己的资源出来，但是男女双方给出来的资源却是不一样的。女性有身体、有生育能力、有容颜、有家庭关系，还有未来的增长潜力。可是通常是女性早付出，生育、抚养、照顾家庭等；而男性的付出比较晚，大器晚成，三四十岁之后作用才起来。这意味着一方播种施肥，另一方收割，这一点是不对等的。"

这段话可以说道破了两性婚姻的利害关系。女人在结婚之后，往往是先付出的一方，男性的作用相对体现得较晚。

谁结婚都不是做慈善，给你的人生兜底还允许你十指不沾阳春水，这种情节基本只存在于"霸总"小说，更常见的现实是，如果你把自己作为婚姻交易的一部分走进这段关系里，男人会把他不愿意做的麻烦事全部扔给你，同时指挥你生孩子，直到他满意为止。

那些慌慌张张走进婚姻，只为完成人生某个阶段目标的人，大概率是很难获得幸福的。

回到上面那个问题，我告诉这位"一般女孩"，能让我们心甘情愿走进婚姻的，唯有爱，也只有爱。再过五年十年，你会发现车子房子这些，在你的人生中并不是遥不可及的东西，而身边那个可以跟你说到一起、吃到一起、睡到一起的人，才是最难寻的。不要低估你创造财富的能力，草草将自己廉价出售出去；更别把婚姻当作改变自己人生的筹码。

太多的人，意识不到自己对婚姻不切实际的幻想，正在一点点戕害她们的人生：它使你内心充满对独身的恐惧，误将"孤单"和"孤独""孤立"等同起来。

要知道，我们找到自己，从来都是一个孤独之旅。

婚姻不是避风港，独立才是

我们生活在热闹的城市，正因为这份热闹，孤独感变成更加明显而又难以忍受的事情，很多人都没有学会跟孤独相伴，甚至不明白自己本身是需要它的。人们急巴巴地将自己投入一份感情关系中，好填补自己贫瘠的精神世界，随便就可以找个人一起吃饭睡觉逛街，似乎如此就可以不孤独了。

这其实是门槛最低、代价又最高昂的一种排遣孤独的方法，等同于考试作弊。

孤独是我们每个人都必须独自面对的人生课题，你的功课需要自己做，那些依靠作弊得来的答卷不是你的分数，就算勉强应付了眼前的考核，下一场考试你依旧不会做，而做题的能力将影响你以后人生中的每一次测试。

没有独自经历属于自己的痛苦挣扎，就没办法获得真正的成长和独立面对人生考验的能力。这个世上，谁也无法让你变得完整，把这种压力放置在任何人身上都是不公平的，抱着这种诉求走进婚姻，可能最终会导致这段关系的失败，给双方都带来难以忍受的痛苦。

婚姻不能将我们变得更好更完整，唯有找到独立的你，才有经营好婚姻的能力。

反观我自己，这些年人们给我贴了无数的标签，但只有我心里明白，即使经历了这么多，我始终只做一件事：那就是做马锐。

希望你也能找到自己，成为自己。

02

永远十八岁是女人最大的诅咒

我们经常会在网上看到，说某某驻颜有方，看起来特别有少女感，似乎美丽只有一个标准，那就是年轻，永远十八岁。无论岁月如何流转，很多女性始终无法接受自己容颜的变化。在如今的社会，女性是否美丽，似乎依然要取决于她是否符合所谓的"白幼瘦"标准。

少女感，真是一个很美好的词，让人想到十八岁女孩青春灵动的样子：皮肤紧致，眼神清澈，还有未经世事的清纯，如含苞未放的玫瑰，元气满满，对未来有着无限的想象力。

正因为它如此美好，才会让很多女性不惜付出高昂的代价想要留住青春。

我有时也会独自思考：为何我们对"看起来年轻"的追求如此热衷？

真的是因为我们痴迷于表面的光鲜，享受在他人羡慕的目光中那种虚荣的满足感吗？倘若真是如此，那我们的追求未免也太肤浅了吧。

害怕老去，其实是爱的匮乏

在这个追求永驻青春的时代，许多三四十岁的女性热衷于被赞誉为"冻龄"女神，她们的容颜被赞美为拥有着满满的十八岁少女感。然而，这种现象背后所反映出的，却是一种对女性审美的单一化，一种对"年轻"的过度追求。这不仅揭示了社会对女性形象的期待，也映射出了女性自身所面临的年龄焦虑。

每个女人都渴望自己能够美丽动人，希望自己看起来比实际年龄更年轻。这是一种自然的向往，一种对美的敬仰。然而，如果对少女感过于执念，甚至为了追求它而变得矫揉造作，那么我们的生命可能会因此而变得单薄，我们可能会错过那些真正属于美丽的瞬间。

因为少女感象征的是青春与纯真，是如潮水般涌来的爱慕和欣赏。当我们执迷于年轻、美好和单纯，所暗示的是我们对衰老、缺憾和复杂的恐惧。我们害怕岁月的痕迹在我们的身体和内心留下痕迹，害怕那些曾经的瑕疵和不足被揭示出来。

而所有这种执着的背后，其实隐藏着一个不够好的自己，一个无法接纳自己缺陷的自我。

在很多女性的内心深处，都埋藏着一个信念：只有当我足够好，只有符合他人的期待，我才是值得被爱的，才会得到他人的认可；如果我不够好，那我就一无是处，就没有人爱我了。

因此，对少女感的过度追求，很可能是因为内心的爱的匮乏，因为缺少对自己的认可，所以希望通过他人的目光来确认自己，通过取悦这个世界来获得爱。

在这个追求少女感的过程中，我们可能会忘记自己真正的美丽。我们可能会错过那些岁月的痕迹带来的独特韵味，错过那些随着时间的推移而逐渐显现出的个性特点。我们可能会忘记自己曾经的笑声、泪水、挫折和成功，忘记那些让我们成为自己的时刻。

其实，不仅是对少女感的执着，身为女性，在生活中的众多举止，均源自一种执念。这种执念在我们内心深处，如同一颗种子，生根发芽，逐渐成长为一道坚不可摧的力量，驱使着我们不断向前。

例如，许多女孩从小就被教育成为温顺的乖乖女，她们以听话和善解人意的特质赢得了父母的欢心。在成长的过程中，这种顺从和屈从逐渐成为她们的性格底色，一种无形的枷锁，束缚着她们的自我，使她们在面对拒绝和表达内心真实想法时，选择了沉默。

又例如，我们中的许多人在生活中总是下意识地讨好他人，无法坦率地表达自己的内心，这种行为的背后，其实是一种内在的匮乏和不安全感。我们害怕因为自己的拒绝而失去他人的喜爱，害怕因为自己的独立而变得孤独。所以，我们不断地付出，不断地讨好，却忽视了自身的疲惫和需求，这种行为实质上是一种自我牺牲，是对自我价值感的低估。

还有许多女性，她们选择不断地奋斗和努力，尽管身心疲惫，却依然不敢停下脚步。她们在社会的洪流中努力地挣扎，不敢稍有懈怠，因为对于她们来说，停下来就意味着堕落和自我价值的丧失。这种行为看似是一种积极向上的态度，但实质上却是一种内心的恐惧和焦虑。

然而，无论我们如何努力地证明自己，如何追求外界的认可，内心的匮乏感始终无法得到真正的满足。因为，真正的满足感并非来自外界的赞许，而是源自内心的自我接纳和对自己的爱。只有当我们开始真正地关爱自己，接纳自己的不完美，才能找到真正的幸福和满足。

怎样才算是接纳自己

在岁月的长河中，我们需要逐渐接纳自己的老去，接纳那些不完美的自己。我们要默许现实的逼仄，承认自己的局限，也承认生活的无常：我，就是这样一个人；我，就是这个现实。我接纳这一切，我认了。

在这个认命的过程中，我必须面对自己的失去，必须经历理想破灭的抑郁。这是一条曲折幽暗的道路，充满了痛苦和挫折。然而，我知道，这是人生的必经之路。只有走过了这段路，我才能看到更广阔的天地，才能真正地认识自己、接受自己，才能真正地成长。

这个"认了"，并不是放弃，而是新的开始。它意味着接受现状，从现状中找到出路，找到新的可能。我们从这一刻起，会开始审视自己，开始思考我们能做些什么，可以从哪里开始。

追求好看的本质是自信

但很多人又容易走极端，认为好像不追求年轻，就是彻底邋遢了。

不是这样的，我想说的是，当你放弃追求"十八岁的少女感"，而是追求一种适合自己的好看时，你就真正地找到了自己的底气和自信。因为这个"好看"不仅是一个形容词，还是一个非常复杂的综合体，里面不但包含着外貌、衣着和配饰，更有一个人的谈吐、体态，以及为人的态度。电影《窈窕淑女》里的奥黛丽·赫本，被人正视也是从她改变了粗鲁的行为和底层的发音开始的。能做到真正的好看，要有一个固若金汤的好质地。

很多年轻的女孩获得好看确实很容易，美丽的皮囊来自运气，是爸妈给的。随着年龄增长，更多的好看是从自己的经历里自然流淌出来的，是后天的。而且这个世上有太多沉重、太多我们无力回天的事，"让自己好看"倒是成了一件力所能及的、取悦自己的易事。

而我从事这么多年美的行业，发现了一个真相，女性追求好看，更重要的是为了给自己带来内心的自信和底气。当我们看起来漂亮自信时，我们会自然而然地把自己代入"拥有无限可能"的角色中。

有一位女性朋友曾向我分享她的心声。她说，过了30岁之后，她开始有些自暴自弃，法令纹和鱼尾纹在她看来都显得那么醒目。她叹气，对生活的妥协让她变得有些心灰意冷。

然而，在一个特殊的夜晚，她决定顺应自己的内心，精心打扮了一番。她用遮瑕膏遮盖了脸上的痘印和斑点，镜子里的她看起来年轻而美丽，那个初入社会的小女孩仿佛又回到了她的视线中。此刻，一股"凭什么"的坚韧在她心中燃起，仿佛在向世界宣告，她并未放弃，她还有追求和期待。

这个经历让她重新找回了自我，那份对生活的热爱和年轻时的梦想又重新点燃了她的内心。她明白，尽管生活的角色已经转变，但她仍然可以保持那份青春的活力和追求的决心。

凭什么呢？我们为什么要接受命运的安排？为什么要甘愿做默默无闻的黄脸婆？我们的生活，为什么只能是一眼望不到头的乏味和单调？这个女人在重新掌握"好看"的那一刻幡然醒悟，决心把生活的重担全部卸下，回归到刚毕业时的那份勇敢和无畏。

而这种转变，可能源自生活中一次微不足道的觉醒。就像在平静的湖面投下一颗小石子，涟漪荡漾，引发对自我价值的深思。一次偶然的发现，"原来，我也可以这么好看"，这个发现如同一道曙光，照亮了她内心的世界。

她开始注意到自己的变化，脸上绽放出自信的笑容，身材变得更加苗条，穿衣搭配也变得更加得心应手。她的内心也变得更加坚定，不再被生活的琐碎所困扰。这种转变，就像春天的阳光，透过树叶的缝隙，洒在她的身上，让她感到温暖而舒适。

人在顺境好看并非难事，难的是被人生重击时，不被击垮，还能保全姿态。而我们要的就是这份在任何时候都能保持昂然挺立的自信和美好，它是可以真正滋养内心的力量。

美，很重要，且应该被鼓励，这是我们对底气的追求。

03

看上去幸福跟过得幸福

我有一个好朋友，我们不妨称呼她为小 A。在我的朋友圈子里，小 A 以其优雅的气质、乐活的态度以及频繁晒出的美好生活，赢得了众人的羡慕与赞叹。然而，这份表面上的光鲜背后，却有着不为人知的苦涩与困扰。

不久前，小 A 决定逃离繁忙的生活，前往云南旅游。她在众人关注之下，晒出了一张张在云南旅游的美照，那些照片仿佛诗意的画卷，令人心驰神往。然而，评论区的赞美之词并不能掩盖小 A 心中的痛苦。

在云南之行的前夕，小 A 经历了人生最为沉重的打击。相恋三年的男友背叛了她，他的出轨行为让小 A 的世界瞬间崩塌。面对这一晴天霹雳，小 A 在人前强装笑颜，试图掩饰内心的苦楚。

白天的繁忙工作让小 A 的注意力暂时放在了方案上，然而，却因为心情尚未调整好，她接连犯了几个错误。在经理的严厉斥责下，她的自尊心受到了严重的打击。

踏出公司的大楼，小 A 没有直接回家，而是走进了一家熟悉的餐厅，点了一份外卖。餐至唇边，她却失去了胃口，食物仿佛变得乏味无趣。

夜晚的家中，小 A 无法抑制内心的悲伤，眼泪如同断了线的珠子般滑落。她试图调整心情，但眼泪却无法控制。那一晚，她胡乱发出去很多伤心的朋友圈动态，却又很快删掉，如果不是恰好我看到了，我甚至不知道她经历的这场心情地震。

第二天清晨，小 A 在悲伤中醒来，她决定逃离这个充满回忆的城市，前往云南散心。在云南的旅途中，她带着简单的行李，画上了淡妆，遮盖住了疲惫与憔悴，开始了这段未知的旅程。

在云南的旅途中，她用心感受着每一处风景带来的感动。尽管心中仍带着深深的伤痛，但她明白，这场旅行对她来说不仅仅是一个治愈的方式，更是一种自我救赎的过程。

她用手机记录下了云南的风景与人情，配上自己精心斟酌的文案。那些看上去很幸福的瞬间，似乎也在一点点感染她，渐渐进入她心里去。那一刻，她不再是那个被感情困扰的女孩，而是一个寻求内心平静与自由的女子。

记录最好的，就会忘记最痛的

其实像小 A 这样的人很多，我们实际过的生活，跟看起来的生活，并不一样。几乎所有的人，都在粉饰朋友圈。可我偏偏觉得粉饰，让人显得更加有味。

因为那不是虚假。

虚假和粉饰的本质区别是，前者是捏造，后者是打捞出自己生活中尚且还能供自己和别人看的那一些，留作纪念，往后的记忆里，便也没有那么苦了。

张爱玲有一句话，我很喜欢。她说，对中年以后的人来讲，十年八年好像是指缝间的事，可是对年轻人来说，三年五年就可以是一生一世。

我们会去羡慕那些在朋友圈里晒出精致生活的人，那些在朋友圈里分享快乐与幸福的人。然而，我们往往忽视了一个事实，那便是，我们真正羡慕的，并非他们的生活本身，而是他们面对生活的态度和感觉。

他们的笑容，他们的热情，他们的幸福感，这些都是我们渴望的。然而，我们往往在忙碌的生活中，忘记了去感受这些美好的事物，忘记了去欣赏生活中的每一处美好。

很多人都是这样的。那时，你一定觉得很苦很苦，快要活不下去了，可是呢，你记录了最好的，然后就忘了最痛的，只留下开心的回忆。

心理暗示的力量

我在给人化妆的时候，会不断地跟她说，你很好看，我并没有改变你，而是发掘并放大了你的好看，让它们被别人看到。很神奇的是，这个女孩真的会变得越来越好看，她的眉眼神态都会比之前更加笃定自信，这就是心理暗示的力量。

适当程度的彩妆确实可以让人更自信。在大众的眼中化了妆的女人看上去更有能力、有魅力且值得信任。有人曾经做了这样一个实验，实验中，25 名年龄在 20～50 岁、种族不同的女性被试，分别以"素颜"、"淡妆"和"浓妆"三组照片出镜。此后，140 名参与者（其中 61 名男性）被召集起来，对被试的"能力水平"打分。结果显示大部分参与者认为，化了妆的被试看上去比素颜的有能力。

几千年以前，当化妆品刚刚出现时，女人化妆是为了取悦男人；但现在，对于女人来说，化妆是为了取悦自己，因为它就是你更自信的武器。在心理学中，这是一个"自证预言"现象。它是由美国社会学家罗伯特·金·默顿提出的一种社会心理学现象，人们先入为主的判断，无论其正确与否，都将或多或少地影响到人们的行为，以至于这个判断最后真的实现。通俗地讲，自证预言就是说：我们总会在不经意间使我们自己的预言成为现实。

正如我们所说的，如果你相信你过得跟看起来那般幸福，那你真的会越来越幸福。

幸福其实是从很小的事情做起

那么，如何提升自己的幸福感呢？以下是一些实用的建议：

1.培养正念：正念是一种关注当下的心理技巧。通过培养正念，我们可以更好地关注当下的感受和情境，从而增强生活的满足感。每天花几分钟静坐冥想，专注于呼吸和身体感觉，有助于提高我们的幸福感。

2.建立良好的社交网络：与亲密的朋友和家人保持联系，分享彼此的生活经历和情感，可以增强我们的幸福感和情感连接。建立良好的社交网络不仅可以让我们分享快乐，也可以在困难时给予我们支持和帮助。

3.培养乐观心态：积极乐观的心态可以帮助我们更好地应对生活中的挑战和困难。通过将注意力集中在解决问题上，而不是过度关注问题本身，我们可以培养出乐观的心态。同时，也要学会从失败和挫折中吸取教训，不断调整自己的心态。

4. **培养兴趣爱好**：寻找自己感兴趣的事物并投入其中，可以帮助我们充实自己的生活，提高满足感。无论是写作、绘画、音乐还是运动，找到自己热爱的事情并付出努力，都能让我们感受到幸福和满足。

5. **学会自我关怀**：在忙碌的生活中，我们常常忽略自己的需求和感受。学会自我关怀，意味着给予自己足够的关爱和尊重。这包括花时间做自己喜欢的事情，满足自己的需求，以及在压力过大时寻求帮助。

6. **建立良好的生活习惯**：保持健康的饮食、充足的睡眠和适度的运动，对于提高幸福感至关重要。这些习惯不仅可以改善我们的身体健康状况，还可以提高我们的精神状态和生活质量。

7. **接受变化**：生活总是充满了变化和不确定性。接受生活中的变化，学会适应和应对不同的情境，可以帮助我们保持平静和满足感。无论遇到什么困难或挑战，都要相信自己有能力应对并从中成长。

在这个过程中，我们需要学会倾听自己内心的声音，了解自己的需求和期望；同时，也要学会打开心扉，与他人分享自己的情感和经历，从而获得更深刻的理解和支持。当我们学会了这些技巧并付诸实践时，我们会发现自己的幸福感会逐渐增强，生活也会变得更加充实、有意义。

在这个喧嚣的世界里，让我们努力成为那个用心倾听、用笔书写、用爱关怀的人。让我们用自己的力量，为这个世界增添更多的快乐与温暖。当我们学会了理解和接纳自己的情绪，我们就能更好地面对生活的挑战，享受每一个美好的瞬间。

04

接纳自己很难，但表演自己会更难

我发现一个特点，很多女孩子在比较年轻的时候，很难接受自己的外貌或者性格，想尽量地抹掉这些特征，去表演一个完全不适合自己但她又期望成为的样子，这就像十三岁的小女孩偷了妈妈的裙子，套上高跟鞋、抹上口红表演成熟一样，显得不伦不类。

但是表演一个不真实的自己，往往是更难的，而我们在不舒服的姿态中，也会一点点丢失本色，彻底丧失自我。

最好的表演是真实

蒙田曾说："世界上最伟大的事情，是一个人懂得如何做自己的主人。"的确，只有一个人真正了解并接纳自己的全部，包括那些闪光点和脆弱无助的部分，他才能真正地掌控自己的人生。

在面对他人时，我们往往可以轻易地展现出自己最好的一面，然而在面对自己时，却常常无法接受自己的不完美。其实，只有正视自己的错误和短板，才能找到属于自己的成功之路。

人生最大的修行，便是接纳自己。无论是是非对错，还是爱恨情仇，我们都应该学会接受和放下。所有的好事坏事，最终都会成为往事，而只有学会接纳自己，我们才能得到真正的解脱。

我给大家说一个影视圈真实的例子。

熙熙攘攘的街头，有两位如花似玉的少女站在人行道上，她们的笑声像春天的微风，给这个喧嚣的世界带来了甜蜜的味道。在一旁观察良久的导演高兴不已，她们的表情和笑声多么富有感染力啊。

他欣赏着这两个女孩，她们的相貌都是那么的出众，尤其是那位高挑的少女，她的眼睛如同深深的湖泊，明亮而富有魅力，她的脸庞散发出青春的光芒，如同夏日的太阳，温暖而耀眼。她的笑容像是清晨的阳光穿过树叶，让人心生欢喜。

导演的心中充满了赞赏和期待，他立即带着摄影组向她们走去。他心中明白，这个高挑的少女正是他心目中演员的最佳人选。她的每一个表情，每一个动作，都充满了魅力。

当摄影组的镜头对准她们的时候，那个高挑的少女立即改变了她的神态。她收敛了笑容，双手规矩地放在腹前，像是一个高雅的公主。她的眼神中流露出一种矜持的神色，不难看出，她正在努力让自己显得更高雅一些。

她压抑着内心的喜悦，凝视着前面的镜头，可是一时之间她却不知道应该说什么好了，只好僵着脖子，紧绷着下巴，先前活泼的神色在瞬间消失得无影无踪。她看上去就像橱窗里摆放的模型。

导演看着她，心中有些失望。他需要的不仅仅是一个漂亮的演员，而是一个能够自然表现自己的人。他需要的不仅仅是一个能够表演的人，而是一个能够真实地感受角色的人。

最后，导演选择了那个相对逊色一些的女孩。她没有那个高挑少女的高雅和美丽，但她有一个真实的灵魂。她可以自由地表达自己的情感和感受，她可以真实地展现自己的个性和特点。

"我选择她，只是因为她一听到有机会成为演员，就高兴得蹦跳起来。"导演微笑着说，"一个不能自然表现自己的演员，是一个很糟糕的演员。"

真实的你最美

每个人都有自己的独特之处，这才是他们的本色。这个真实的自我是他们与他人相处时所展示的基本姿态。生活中不乏这样的例子。

那个原本活泼开朗、大方率真的女孩，试图装出矜持而文静的淑女模样，希望能赢得大家的喜爱；然而，她却忽略了自己的真实本性，独特的大方和率真才是别人所欣赏的。

还有那些已经徐娘半老的女性，她们或许想借助残留的风韵，展现青春少女的可爱；然而，这种试图伪装的行为反而忽略了她们自己的稳重端庄，这种成熟的风度才是别人所欣赏的。

那些温文尔雅的男子，有时也会不惜代价地去学着动口骂人，挥舞拳脚，只为了在他人眼中展现出一种所谓的豪气；然而，这种模仿的行为却让他们失去了自己原本的温文尔雅，这种品质才是他们与众不同的地方。

模仿他人是一件辛苦且得不偿失的事情。那些试图模仿他人的行为，往往只会让他们失去自己的独特之处，而无法真正地融入他人。每个人都有他们自己的特点，正是这些特点使得他们独一无二，无可替代。因此，我们应该珍惜并展现我们自己的本色，而不是试图去成为别人。

在这个世界上，每个个体都有其独特的价值。我们应该珍视自己的特点，以真实的自我去面对他人，去展示自己的独特之处。只有这样，我们才能得到真正的认可和尊重。每个人都有他们自己的本色，我们应该学会欣赏和展现这种美好，而不是试图去成为别人；因为只有真实的自我，才是最珍贵的存在。

保留自己的本色

卡耐基写过一本关于公开演讲的书。一开始他借用别的作者的观点，花了一年的时间进行庞杂的选编和整理工作。可是当稿子摆放在他面前时，他觉得那些堆砌的观点没有任何生命力。后来他结合自己的经验和观察，写出了特别受欢迎的书。

众所周知，率直和坦诚更让人乐于接受，做作和虚伪永远遭人唾弃。而保持自己的本色就是率直和坦诚的表现，掩饰自我就是典型的做作和虚伪。做人最重要的是保留自己的本色。

如何保留自己的本色，以下是一些建议。

1. 接受自己的独特性：每个人都有自己独特的性格、兴趣和特点，这是你的本色。接受自己的独特性是非常重要的，这意味着你可以欣赏自己的优点，也可以接受自己的缺点，而不会被外界的压力和期望左右。

2. 忠于自己的内心：在日常生活中，我们经常会被外界的期望和压力所影响，而失去了本色。要保留本色，你需要学会忠于自己的内心，找到自己的价值观和目标，然后坚持自己的想法和行动。

3. 培养自己的兴趣爱好：兴趣爱好是一个人个性的重要组成部分。通过培养自己的兴趣爱好，你可以更好地了解自己的喜好和天赋，也可以更好地发掘自己的潜力。

4. 与相似的人交往：与相似的人交往可以让你更容易找到自己的本色，也可以让你更好地了解自己。与相似的人交往可以让你更好地了解他们的想法和行为，同时也可以让你更好地了解自己的想法和行为。

5. 尝试新事物：尝试新事物可以让你拓宽自己的经验和视野，也可以让你更好地了解自己。尝试新事物可以让你发现自己的潜力和兴趣，同时也可以让你更好地了解自己的喜好和特点。

保留本色需要你接受自己的独特性，忠于自己的内心，培养自己的兴趣爱好；与相似的人交往，尝试新事物，成为那个更好的自己。

有人在地铁口遇见一位卖栀子花的老太太，满头银发。

她们聊天："阿婆，侬年纪大了为什么还出来卖花啦，辛苦伐？"

阿婆回答："哎哟，你不懂，今生卖花，来世漂亮。"

我总是会被这样的回答温暖到，总觉得世间一切皆是希望。当我们变成更好的自己，你以为那些过不去的坎儿，都会过去，收不到的回头率，也都会在下一个路口等着你。

05

如果没有很多爱，有钱也是极好的

"假如没有很多的爱，有钱也是极好的。"

我相信，这句话很多人都听过，即使你没有看过原著。

它选自亦舒的小说《喜宝》。有人抱怨亦舒的小说过于梦幻，其中的女性角色往往美若天仙，男性角色则随随便便就身家丰厚、风度翩翩。从这种视角来看《喜宝》，自然会感觉它充满了陈词滥调。但如果你换个角度想，你可能会产生这样的疑问：

作为亦舒最具影响力的作品之一，为什么这么多年过去了，我们对喜宝以及她的故事，依然怀有深深的情感？

因为她代女性说出了一些心里话：

"想要很多很多的爱，如果没有，很多很多的钱也是好的"；

"做女人不要做一件衣裳，要做得像一幅画"。

但是，我们记住喜宝，只是因为她需要很多很多爱，和很多很多钱吗？

那个真正让我们念念不忘的原因，到底是什么？

我想，是因为喜宝完整诠释了何为女人，又何为人生。

做自己命运的主导者

从来没有人能够一出生就手握好牌，然后轻松自如地驾驭人生这匹骏马。相反，我们大部分人都是普普通通的，但像喜宝这样的女孩，她们心中怀揣着奋发向上的信念，她们学会如何紧握命运的绳索，掌握人生的主导权。她们从不依赖他人，无论人生路途如何曲折，无论她们吃了多少苦，走了多少弯路，她们都始终保持着乐观的心态，无愧于心。

她们深知，人生这场游戏，唯一的玩家就是自己。无论一个男人对你有多少深情，无论他愿意为你付出多少，你都不可轻易相信他的话语。因为当爱情消逝，当他的心转向他人，你就将陷入深深的困境。那时，你将无依无靠，又能依靠谁呢？

人生没有捷径，女人如果真的想命好，真的想获得踏踏实实的、靠得住的幸福，还是要靠自己，只有不依附于他人，才能越活越贵。

活出自我，才是生命永远的底色

一个无法活出自我的女人，就像一叶被风浪推着往前走的浮萍，一路漂漂荡荡，看似轻松，实则无根，也无安全感，走着走着也就随波逐流了。

只有活出自我，有自己清晰的原则和底线，才能守住内心深处的道德感，才能真的被对方尊重，从而站在平等位置上，否则越是贪婪，越是被人看扁。

梦想不分大小，有人追求功成名就，有人喜欢岁月静好；有人渴望财富自由，有人崇尚精神丰盈；有人愿做事业女性，有人甘当贤妻良母。梦想虽然不同，但对个人的意义同样重要。

没有哪一种生活是必须的，不是大家追求的都是好的，我们不必活在别人的眼里和外界的框架里。

自愿即自由。活出自我，过自己想要的生活，就是最好的生活。

唯有懂得自爱，才能在异性面前有自尊

对于一个缺爱又缺钱的女人来说，每一次获得的关爱和每一分钱，都如同在荒漠中汲取的生命之泉，哪怕只是微不足道的一点，也能在她心中激荡起层层涟漪。越是故作从容，越是暴露出她对爱的渴望和对金钱的依赖。

她的内心深处却总有一种无法摆脱的无力感，就如同浮萍般

无依无靠，没有自尊的她，又如何在人生的舞台上演绎出华丽的篇章？

这样的女人，即使有一天突然获得了金钱和爱情，也难以长久。因为金钱总有花尽的一天，爱情总有转化的一天，而没有内心的强大支撑，没有自我深处的爱，她的世界将在这一天崩塌。

自爱，如同"爱"本身的概念，千言万语却难以描绘。它犹如与内心深处的自我建立连接，让我们与内在的本质更加和谐一致，如泉水般由内而外地流淌出深深的爱意。

我们通过温柔地对待自己，用善意和理解来培养自爱的能力，而不是放任内心的批评和评判之声无休止地生长或扩大。这就像对自己的内心说："你可以犯错，但请不要忘记爱自己。"

从另一个角度来看，自爱是让我们将注意力从外部世界转向内部，设置并尊重自己的健康边界。它让我们建立新的健康计划，即使在这个过程中我们可能会遭遇种种不适应和挑战。我们开始不再否认内心深处的需求，不再被头脑中的故事——别人说了什么、做了什么，或者内心对自己过高的期望——所束缚。

自爱同样包括自我照顾，主动地、放松地宠爱自己，参与那些能改善情绪、提升幸福感的活动。

越活越贵的关键，在于追求独立、自由和平等

只有当我们懂得自尊自爱，理解生活的真谛，奋力追求那份独立、自由和平等的境界，我们才能与男性站在同一高度，赢得他们的尊重。我们需要做到不依赖他人，以从容的态度去活出自我。

在年轻的时候，我们可能会觉得找到一份稳定的收入是一种难得的幸运。然而，当我们跨过那个特定的年龄段，我们会明白这并非幸运，而是一场可能的灾难。我们越是渴望走捷径，就越容易陷入为自己挖好的陷阱——那是一种名为"虚荣"的陷阱，一种名为"不劳而获的侥幸"的陷阱。

关键在于，随着年龄的增长，我们会越来越追求独立、自由和平等。因为这些价值观是我们追求更美好生活的重要基石。

追求独立、自由和平等，需要你不断努力和奋斗，同时也需要你关注社会问题、拓宽自己的视野和思维方式，从而更好地实现自己的梦想和目标。

2

你强大了，
世界才会变得友善

01

把欲望写在脸上，不是什么丢人的事

刚去北京的时候，我几乎不谈自己的梦想，总觉得把野心和欲望写在脸上，不是什么体面的事，遇到机会了，也羞于争取，不太愿意表达自我，直到我在这个陌生的城市，看到了无数跟我一样出身底层的人靠着自己的努力和争取，赢得了华丽的蜕变，我才明白，欲望和体面并不能轻易地画上等号。如果不能直面自己的欲望，那么我这一生，便只能在苍白的灯光下没日没夜地工作，失去生活的色彩。

我开始向往强者的世界，渴望拥有野心，将目光投向更遥远的地方——那是我对未来的期许，那是我对自我能力的探索。我开始问自己，我究竟想要什么，我又能做什么？

当我的欲望一步一步扩张，不同的机会也开始朝我递过来橄榄枝，我赚的钱以几何倍数在增长，而我看待世界的格局也已全然不同。

02

有一束光为你而亮

　　我很喜欢春夏在一次采访中说过的一段话："我就是要这个世界上有一束光是为我打的，我就是要有一个舞台是为我亮的，我要这个世界上有人是为我而来的。这非常重要。"

　　春夏在言语之间都是极其肯定的语气，那些张扬且外露的野心从她嘴里说出来，简直又美又酷。

　　但是并不是所有人都能像她一样承认自己的欲望和野心。在我所熟知的女性友人中，她们各自怀揣着雄心壮志，却羞于启齿自己的野心。岁月荏苒，我们的周遭始终弥漫着这样一种声音：长大成人后，就应当承认自己的平凡。若你胆敢显露出过多的野心与理想，便会被大众贴上异类的标签。

　　然而，我们为何不能在成长的道路上坦然接受自己的平凡？为何我们不敢直面内心的野心与渴望？这大抵是源于一种深植内心的恐惧吧。我们害怕世俗的眼光，害怕他人的嘲笑，害怕自己的野心在实现的道路上遭遇挫折，最后只落得尴尬与无助。

　　所以，我们选择用平凡来掩盖内心的野心与向往。

　　但实际上，欲望才能让我们发光发亮。不管是工作上，金钱上，资源上的欲望，都是女人试图掌握的疆域，而不是把一个男人或者一个家庭当成天当成地当成一切。如果你仅仅把很狭隘抗风险能力差的东西当成一切，那太容易歇斯底里患得患失了。但你拥有的越多，人际关系也好，公司职位也好，银行存款也好，房产也好……你会发现，很多你原本在乎的小事情，原本离不开的人，都变得不再那么重要了。如果没有男人，你还有钱，失去了这个朋友，你还有这样的同事，你反倒不会贪恋，不再贪婪，你开始温和，不是妥协，仅仅是知道什么可以舍弃，知道什么不再重要。

　　我希望那些跟我一样有着蓬勃野心的女孩，你们大可不必害怕自己跟别人不一样。既然有缘来此人间一趟，那就不能白白地来，努力过上属于自己的高配人生。

　　那种大方展示自己欲望的女孩，真的很酷。

03

找到你的欲望

曾经看过这样一句话："一些人野心勃勃，颗粒无收；另一些人野心勃勃，却终获成功——世界上只有一种人可以成功，他们有凌云志，也有脚下根。"

厉害的人和普通人的本质区别就在于欲望。越是拥有强大欲望，知道自己想要什么的人，他们的目标往往就越明确，也就越容易达到自己的目的。

二十多岁的年纪，当我们挺直脊梁，勇敢面对内心的欲望和野心，我们会发现，世界的大门比想象中更加宽广。是的，成为一个充满野心的人，关键在于明白自己的欲望所在，以及追寻梦想的方向。

在日常生活中，我们可以通过多样的体验和尝试，去探寻那些既符合我们兴趣，又充分利用我们的资源与能力的交叉点。在这个过程中，我们将自身的特长发挥到极致，同时也刺激了我们的好奇心和探索欲望。

此外，机遇往往会披着平凡的外衣到来，你无法预测也无法察觉。但一旦错过，就可能无法再次遇见。就像那些看似普通的书籍和电影，它们所蕴含的智慧和人生哲理，能帮助我们找到生活的答案。然而，有些人却因为无法理解，将它们视为鸡汤或成功学，而错过了那些可能改变生活的宝贵经验。

04

你最想做的事，最有可能成功

在心理学的研究领域中，我们的大脑被划分为三种主要的类型：理智脑、本能脑和情绪脑。这些不同类型的脑区各具特色，各有所长，共同构成了我们思维的基石。

理智脑，这是我们大脑中最高级的一部分，它负责我们的理性思维、深度决策和判断力。它像一位深思熟虑的顾问，在我们面临复杂问题时，为我们提供明智的意见和建议。

然而，相较于本能脑，理智脑的演化历史相对较短。本能脑在我们的大脑中占据了更为基础的位置，它掌管着我们的生存本能，例如恐惧、愤怒和欲望。它的运行速度极快，每秒钟可以运算高达 110,000,000 次，远超理智脑的 40 次／秒。

这就意味着，本能脑能够快速地作出反应，使我们在面对危险或挑战时，能够迅速地作出决策和行动。然而，也正因为如此，本能脑往往更注重短期利益，而忽视长远规划。

在我们的生活中，如果能够明智地利用我们的理智脑和本能脑，那么我们就能更好地应对生活中的各种挑战和机遇。当我们需要作出重要决策时，我们可以让理智脑发挥其深思熟虑的优势，充分考虑各种可能的后果，从而作出更为明智的决策。

在这个过程中，我们可以通过调整自己的心态，激发自己的内在动力和热情，让情绪脑成为我们行动的支持者。这样，我们就能在追求目标的过程中，保持持久的动力和毅力，从而更好地实现我们的目标。

总的来说，理智脑、本能脑和情绪脑是我们大脑中不可或缺的组成部分。它们各自承担着不同的任务，相互协作，共同构建了我们丰富而复杂的思维世界。通过理解他们之间的互动关系，我们可以更好地理解自己和他人，更好地处理生活中的问题，实现我们的目标。

05

假如你讨厌一个人，不要怀疑是自己的问题

　　你一定遇到过这种情况，碰到的人怎么相处都不对味，对方让你各种不舒适，甚至还故意挑剔你。遇到这样的人，我们大部分人会忍不住反思，是我不够好吗？是我说错了什么话，或者做错了什么事情吗？这种自我质疑跟困惑会让自己很长时间处于自我否定和不自信中。我也遇到过这种类似的事情。

　　我想跟大家说的是，人对人的感觉是相似的，如果对方明摆着不喜欢你，你其实也是讨厌对方的，这种时候不要试图让讨厌你的人喜欢你，毕竟谁也不是人民币，不可能让所有人喜欢，也不要觉得你讨厌对方，是自己心胸不够宽广，我们不妨跟杨绛老师学习一下，"我甘愿沦为'零'，他人视我无物，我却能一览

无遗地看清那些自命不凡的人"。

这种清醒和通透,仿佛一道清泉,让人眼前一亮。

她的不争,成为她一生的写照。她亲自翻译的一首诗,字里行间都流露出她的淡泊名利,展现出她的优雅与坚韧:"我与谁都不争,与谁争我都不屑。"面对世间的纷纷扰扰,她选择远离,藏起自己的锋芒,这无疑是一种高明的处事方式。

人生在世,我们总会遇到各种各样的人,有的人眼高于天,有的人世故圆滑。然而,只有学会以下三种心态,才能真正在人生的道路上赢得胜利。

不争,以退为进

有一句话深得我心:"不争而善胜。"面对世间的纷纷扰扰,当我们学会了一种叫作"不争"的艺术,我们便能以退为进,成为真正的赢家。

不争,并不是一种消极的逃避,而是一种保全自己的智慧。它更像是一种以退为进的至高境界,让我们在关键时刻,选择让步,选择低调,选择自保。这种智慧,如同深藏于海底的珍珠,不轻易显露,但每当关键时刻,它的光芒都能照亮我们前行的道路。

跟大家说一个我亲身经历的事情。有一次我去外地出差,结果遇到了一场交通事故,其实问题并不大,一辆豪华轿车和我乘坐的出租车，在狭窄的街道上猝然相遇，险些发生碰撞。豪华轿车的司机，一位穿着光鲜的绅士，气急败坏地打开了车门，口中喷涌而出的是辱骂和指责，他的声音响彻街头，引起了一片喧哗。

然而，出租车司机却显得出奇的平静。他静静地坐在驾驶座上，嘴角挂着一丝微笑。面对那位绅士的咆哮，他并未还口，也未动摇，只是静静地听着，仿佛这一切与他无关。

坐在后座的我，看着这一切，心中充满了疑惑。我忍不住开口问道："司机先生，您怎么能够如此冷静与和善？他那样辱骂您，差点害我们住进医院……"

司机转过头来，微笑着回答："在生活的这场游戏中，我们都是玩家。有些人，就像一辆垃圾车，他们在自己的道路上充满了烦躁、挫折等负面情绪。他们也许会在某个时刻停下来，将那些垃圾倒在你身上。但是，你要明白，你不需要过于在意那些，你只需要微笑，然后专注于你自己的生活。"

他说完后，用手指向那辆豪华轿车，继续说道："就像那辆车一样，10%的事情是我们无法掌控的，比如这场事故，这是上天的安排。但剩下的90%，是我们自己可以书写的。记住，不争是一种智慧，是一种以退为进的策略。而你的生活，将因为这种智慧而变得更加美好。"

在那一刻，我感到一种从未有过的释然。我明白了，人生中的争吵和争执，并不会改变什么，只会让自己的生活变得更加疲惫和沉重。我决定接受这位出租车司机的建议，不再争论不休，而是用微笑和智慧来面对生活中的挑战。

其实我们到了一定年龄，都会明白，很多事是争不明白的，每个人的认知层次高低不等，三观也各有不同，争执再久，结果都是徒劳。

我非常认同罗翔的一个观点：夜郎自大，是好辩者的天性，他们经常会把观点的争论，上升为语言的攻击，再把语言的攻击变成肉体的争斗。你遇到这种人时，其实没必要和他辩论，因为你辩不赢的。

不同世界的两个人，最好的相处方式就是：你走你的阳关道，我过我的独木桥。

静而不争，淡然于心，从容于表，不深陷烂人烂事，只专注于过好自己的人生。

不理，沉默是金

从事美业这么多年，我从未中伤过任何人，这是我自己的做人原则，但是总会有人嫉妒你的成功，眼红你获得的成绩，恶意中伤我，面对这种情况，我从来都是"不理就无事"。

修养深厚的人，大多有高于常人的思想境界，所谓"不理"，其实就是快乐的秘诀。

不理会，他强任他强，清风拂山岗；不解释，他横由他横，明月照大江。

杨绛分享过这样一个故事：有次在礼堂的讲台上，她正全神贯注地分享着自己的见解。突然，一位女学生从观众席中挺身而出，她的眼神坚定，面容冷峻，直勾勾地瞪着杨绛，仿佛要将她看穿。

"教授，你在传播不恰当的言论！"她的话语在宽敞的礼堂内回荡，引起了所有人的注意。面对这突如其来的责难，杨绛虽然心头惊愕，但她并未失去冷静。

她静静地坐在台上，没有立即反驳，只是用那双智慧的眼睛注视着那个学生，仿佛要看穿她的内心。她知道，这个年纪的学生，他们的热情、冲动，以及那份对世界的疑惑和不满，都深深地烙印在他们的心中。

在场的观众也都被这突然的变故吸引，他们或好奇、或疑惑地看着杨绛，想要听到她的回应。然而，杨绛并未选择立即回应，她只是静静地坐在那里，用沉默保护着自己，也用沉默包容着那个学生。她知道，有时候，沉默是最好的回应。

果然如她所料，不久之后，那些关于她的流言蜚语便如风一般消散。那个学生，她的热情如火，她的冲动如风，都随着时间的推移而渐渐平息。

在这个世界上，总有一些人，他们喜欢给人添堵，他们用质疑、污蔑来满足自己内心的某种需求。对于这样的人，沉默往往就是最好的回应。你无法说服他们，也无法改变他们的观点，唯一能做的，就是保持自己的内心清明，任由他们去说。

不想说的时候，就保持沉默，不要为了不值得的人，浪费口舌。

对于不喜欢你的人，沉默，是最有力的回击；不理，是最明智的应对。

不怒，放过自己

如何面对愚蠢的人？

毛姆大师就对这个问题分享了他的智慧之言："一个人若因他人的愚蠢而动怒，那他的一生将在永久的愤怒阴影中度过。"这句话第一次看到的时候如同醍醐灌顶，让我深受触动。

那么，如何才能保持快乐呢？

黄永玉大师说："快乐的源泉在于我们不太在意他人的看法，而更关注自身的成长。"这种从容与自信，正是我们在这个喧嚣世界中需要的。

人生在世，我们不应该因为别人的错误而惩罚自己。我们应该学会释然，学会宽恕，学会拥抱自己的快乐。无论身处何处，无论面对何种困境，我们都应该坚定地走自己的路，享受属于自己的幸福。

我就曾认识这样一位 27 岁的母亲，生活艰辛，她在超市打工，以微薄的收入维系家庭的开销，同时还要无时无刻地照顾两个身患疾病的孩子。她的女儿患有严重的耳疾，而她的婆家对此十分不满，对她们母女不闻不问，甚至不愿承担任何责任。她的儿子，总是体弱多病，每年有大半时间在医院度过。然而，婆家对此却视而不见，不仅不提供帮助，反而指责她无法妥善照顾孩子。

自结婚以来，她的丈夫每次情绪激动都会对她大打出手。每一次的暴力行为，都在她的身体上留下新的伤痕。四年的婚姻生活，她如同在炼狱之中，每一天都充满了恐惧与痛苦。

随着时间的推移，她心中的压力和愤怒不断累积，几乎要将她逼向绝境。

最终，她无法承受这持续的压力，选择了解脱。然而，那些曾经伤害她的人，却依然若无其事地继续着他们的生活，仿佛一切都没有发生过。

一个人如果长久地陷入负面情绪，他的内心就会不断地自我折磨，如同陷入泥潭，难以自拔。面对那些消耗你的烂人烂事，最好的解决方式其实是：趁早远离他们，不要再让他们影响你的心情，不要折磨自己。

人活一世，终究要明白：他人的恶语，别放在心上；自己的心情，才是最重要的。

　　生气，是伤身伤心的愚蠢行为，永远不要为他人的错误买单。人生下半场，如果一件事实在想不通，一段关系实在厘不清，请你记得放过自己。

06

有一间属于自己的房子，装下你的所有情绪

世界上的房间有千千万万

它们有的安稳沉静，有的电闪雷鸣

有的挂满洗好的衣物，有的装满宝石和绸缎

有的像马鬃般坚硬，有的似羽毛般柔软……

这是我非常喜欢的作家伍尔夫所写。作为二十世纪女性主义文学先锋，伍尔夫终其一生都在挑战社会的性别偏见，鼓励女性发掘自我价值，不贪恋温暖的泥沼，最终"成为自己"。正如她在《达洛威夫人》中多次援引的莎士比亚诗句："不要再怕炎炎骄阳，也不要害怕寒冬肆虐。"

理想的女性生活

伍尔夫曾描述一种女性理想：

"挣到足够的钱，去旅行，去闲着，去思考世界的过去和未来，去看书做梦，去街角闲逛，让思绪的钓线深深沉入街流之中。"

在大多数情况下，"闲暇时光"、"在街角闲逛"以及"追逐梦想"并非易事。我们中的大部分人，是母亲、妻子、女儿，是背负着各种角色与责任，为了生活而奋斗的普通人。

而那种理想化的自由，在很多情况下，更像是一种女性内心深处的感受，一种需要我们自己主动去营造的心境。它并非无拘无束，而是在生活的镣铐中，依然能够保持舞蹈的优雅和坚韧。在琐碎的日常生活中，我们不能放弃自我成长和自我滋养，那是一种内在的力量和坚韧。

而这一切，基于我们拥有独立的经济能力，可以完全做主的、属于自己的空间。

我有两个关系挺好的女性朋友，她们从世俗意义上来说都算是嫁给了不错的男人，有过得去的物质条件，但是婚姻到后面过得并不幸福。

首先是第一个朋友，她嫁入了一个温馨的家庭。男方的家里有一套宽敞的房子，然而，公公婆婆却坚决反对他们夫妻二人另购房产，过独立的生活。婚后，他们与公婆同住一屋，空间拥挤，摩擦不断。

每天，朋友的婆婆总是以各种琐事为由，对媳妇进行严厉的责备。而当媳妇试图为自己的立场辩护时，婆婆的声音则会提高到震耳欲聋的音量，如同狂风暴雨般席卷整个屋子。

"你们住我的房子，就必须听我的！"她怒吼道，脸上的皱纹犹如枯枝般扭曲，显得格外狰狞。

而另一位朋友，她的婚姻看似和谐，却是暗藏危机。他们各自有着自己的经济基础，然而，当他们走到一起时，却因为一些微不足道的小事，引发了激烈的争吵。

"滚出我的房子，快滚！"她的丈夫在盛怒之下总会这样说，将她的心割裂成无数碎片。

她们的遭遇深刻地揭示了一个道理，真正的安稳只能靠自己获取，除此之外的依靠都是一戳就破的泡沫。靠山山倒，靠自己获得的安全感，才是最踏实的。

伍尔夫的价值更在于一种提示、提醒——女性自己，有能力为自我构筑更深邃、智性的内在世界。

愚者求人，智者求己

"在这个世界上别太依赖任何人，因为当你在黑暗中挣扎时，连你的影子都会离开你。"

　　这是电影《魔女宅急便》中的一句台词，看似简单实则蕴含深理。人生不如意者十之八九，偏偏大多数人喜欢当求人的愚人。

　　这何尝不是一种激进的赌博？

　　若能幸运地获胜，或许能从此摆脱自我意识的束缚，过上依赖于他人，丧失独立人格的生活，再无自我之分。而若是失败，更将一次性地回归到生活的原点，所有的奋斗与努力将付诸东流，一切重新开始。

　　在曹禺的戏剧《日出》中，主人公陈白露原本是一个上进、开朗的女孩。她的家世传承着书香，她接受了良好的教育，怀揣着凭借自己的能力开创一片天地的梦想。然而，社会的复杂性如同万花筒般在她眼前展现，她逐渐在迷茫中失去了自我，成了一名交际花，终日依附于富商贵胄。

　　她的生活看似奢华而醉人，然而，不幸的种子就此悄然埋下。她失去了独立的能力，她的世界如同一个涡流，将她吸附其中，让她无法自拔。

　　最终，她所依附的金主潘月亭破产，成为压垮她的最后一根稻草。陈白露心中尚存着尊严，她无法接受这种残酷的现实，于是选择了服毒，在日出前的那一刻，永远地离开了这个世界。

　　在这个世界上，一心依靠别人，沉溺于短暂的安逸和享乐，最终会被现实的不确定性所打败。这是一个两难的选择，需要的不仅仅是勇气和魄力，更需要超前的眼光和坚韧的决心。

锦江饭店的创始人董竹君便是一位真正的大智慧者。她出生于上海的一个贫民窟，12岁那年，因缘巧合之下结识了夏之时。四年后，她顺利成为显赫一时的四川省都督夫人。她的生活充满了华贵、富裕和悠闲，这是多少女子梦寐以求的生活啊。

然而，董竹君却不愿为了他人给予的"幸福"去忍受封建大家庭和夫权统治的生活。她选择清醒地看待自己的未来，她明白自己需要的是自由和独立。她毅然与丈夫离婚，带着四个女儿离开了四川，踏上了前往上海滩的征途。

在上海滩这个充满挑战和机遇的大舞台上，董竹君开始了赤手空拳闯荡创业的生活。她以过人的胆识和坚定的信念，创办了锦江饭店。她的成功并非偶然，而是她对生活的深刻理解和对未来的敏锐洞察。

她明白求人不如求己的道理，她选择了依靠自己的力量去创造属于自己的世界。她没有被困难和挫折击倒，而是以更坚定的决心和更坚韧的毅力去迎接挑战。

也许在有些人看来，董竹君很"傻"，傻到放弃唾手可得的一切。

但那些东西真的属于董竹君吗？不，被"收回"只是眨眼间的事。

求人不如求己，这点她看得比任何人都清楚。

真正的安全感，只能自己给

网上有个问题是这样的："有哪个瞬间让你觉得特别有安全感？"

其中有条高赞回答很绝："当我发现我不用再依靠任何人的时候。"

我们总习惯于轻信他人一句信誓旦旦的承诺，而顿觉安全感爆棚。殊不知：最好的安全感，只能自己给。

在我们的生活中，我们常常会听到一些女性因为丈夫的甜言蜜语而放弃自己的事业，最终却陷入困境，无法自拔。

其中，我的邻居小琴就是一个典型的例子。

五年前，小琴毅然决定放弃自己的事业，拒绝了老板的挽留和朋友们的劝说，转而回归家庭。当时，她的丈夫对她许下了"我养你"的承诺，让她深感动容。

然而，时间却改变了这一切。自从回归家庭后，小琴开始变得疑神疑鬼，她要求丈夫将全部心思放在她身上，以证明自己的魅力不减。她的丈夫被她这种行为弄得苦不堪言，渐渐地失去了耐心。

在一次次的冷战之后，她的丈夫终于无法忍受，在一次争吵中爆发了。他朝着小琴怒吼道："我供你吃，供你穿，你还有什么不满足的？"这句话让小琴呆住了，她没有哭泣，只是默默地承受着这个事实。

　　作为一个朋友，我们当然要站在小琴的立场上，痛斥她丈夫的行为。然而，我们更应该帮助小琴认识到一个事实：别人给予的安全感是不可靠的，甚至可以说，当你将安全感寄托在别人身上时，安全感就离你而去了。

07

作息的紊乱，是生活崩塌的开始

你是否也曾立下过决心，誓要告别熬夜的作息，却又日复一日地陷入了那令人疲惫的"报复性熬夜"怪圈？

谈及熬夜的弊端，相信大多数人能如数家珍，"衰老、迟钝、生病、变丑……"这些词汇无不揭示着熬夜对身心的摧残。然而，只有当我们真正理解为何会熬夜，才能找到与之告别的方法。

只有真正理解自己为什么熬夜，才能停止熬夜

常听爱熬夜的人说："我老觉得时间不够花啊。不熬，怎么办呢。"

存在主义治疗法三大代表人物之一的欧文·亚隆说，一个人

的生命实现感越弱，死亡焦虑感越强。即你越不曾认真活过，就会越害怕死亡。所以熬夜，本质上也可理解为一种死亡焦虑。是没有充分努力和实现自我目标的人们的一种自我保护的方式。

欧文·亚隆也说，死亡焦虑的意义，是让我们尽可能活在当下，让我们觉醒，引发人生的重大改变。我想，这也是熬夜背后的意义。我们可以尝试自我对话，尽力理解自己的内心，在经历什么：你究竟因什么熬夜？你在逃避什么现实？你困扰于未达成的目标吗？你为何缺乏安全感？你想怎么去解决焦虑？你内心究竟想做什么？你想要什么样的生活呢？

这样的自我对话，让我们和自己的潜意识有了基础交流，可以转化焦虑，尝试和内心达成一定程度的和解。也让我们看清熬夜背后的动机，让我们朝着自己真正想要的目标去努力。这就是欧文·亚隆所说的"重大改变"。同时，你会感觉到一种从心生出的力量，不再是空虚、缥缈、没有安全感。而是可以脚踏实地，抓住时间认真生活。就像一个女孩说的："白天，我像个工作机器。夜里不睡觉省出的时间，就像偷来的。这时我的灵感会爆发，对一切事物有着超凡的兴趣。我会拿起平时看不进去的小说读到结局。会偶然点开少女心爆炸的电视剧怒刷两集。会拿起厚得像板砖的医学书怒啃半本。"

很多人负隅顽抗地认定：只要我不睡去，这一天就不算结束。

这样，夜深人静时，我们履行完各种义务，撕下标签，终于做回自己。本质上，这都是对自我释放的渴望。所以，我一直觉得，熬夜并不可怕，可怕的是，我们不知道自己为什么熬夜。只有理解自己为什么熬夜，才能真正停止强迫性熬夜。

养成一个好习惯只需要 21 天

里斯本大学的教授菲利普·卡斯特罗·马托斯以其深厚的学术功底和独特的教学风格赢得了众多学生的尊敬。他曾发起的一项挑战：连续 21 天，早上 4：30 起床。

在这 21 天里，菲利普教授每天与黎明共舞，体验着破晓前的寂静和微光。他的生活发生了翻天覆地的变化，就如同蝴蝶破茧而出，展翅飞翔。

每当清晨 4：30 的闹钟响起，菲利普教授从梦中醒来，他会立刻被心中那份多出的几个小时的期待所充满。他推开窗户，仰望繁星还未完全消退的夜空，深吸一口清冷的空气，然后开始他的一天。

出门晨跑时，他沐浴在清晨第一缕阳光的温暖中，那是大地苏醒的信号，那是万物复苏的标志。那时的街道格外宁静，仿佛只有他一人与这个世界同醒。路上的鸟语花香，那些曾经被忽视的美好，如今都变得如此鲜活和生动。

每次上班前，他总是提前处理琐碎的工作，避免白天的打扰。这样，他的工作变得得心应手，效率大增。他的学生们在上课时，总能从他的言谈中感受到那份清晨的宁静和智慧。

终于，21天的挑战结束，菲利普教授感慨地说："早起看似是一件小事，但它却会产生蝴蝶效应，渐渐改变你的人生。"

塞万提斯说过："上天送黎明来，是赐给所有人的。"然而，只有那些愿意早起的人，才能真正收获这份幸运。在这个快节奏的社会中，我们都需要寻找一种方式来平衡工作和生活，而早起或许是一种良药。它让我们有更多的时间去思考、去规划、去享受生活的美好。

早起和晚起，是截然不同的人生

在双十一的狂欢购物节上，化妆品销售榜单上的一款熬夜眼霜吸引了众人的目光，一举夺得了销售冠军的宝座，真实地反映了人们对于熬夜所带来的眼部问题的担忧和需求。

"熬最深的夜，敷最贵的霜"是一个非常生动的描述，它形象地描绘出了现代人熬夜工作的无奈和对于护肤的追求。然而，尽管这样的生活方式让人们感到舒适和习惯，但它却在无声无息中对我们的身体造成了伤害。

在新闻中，我们常常可以看到"熬夜猝死"的报道，这些报道警示着人们熬夜所带来的危害。然而，仍有许多人对此不以为意，他们觉得自己的身体并没有出现问题，然而，这就像《道德经》中所说的："福兮祸所伏，祸兮福所倚。"年轻时熬夜所带来的"福"，到了中年时可能就会成为"祸"。

与这些人相反，还有一批人，他们坚持早睡早起的生活习惯，遵循着健康的生活节奏。如政治家富兰克林所说的："睡得早起得早，使人聪明、富有、身体好。"这种健康的生活习惯让他们在身体和精神上都得到了丰厚的回报。

很多熬夜的人都说，熬夜是因为工作没做完，想追的电视剧没看完等，其实这些事情都可以放到早上来做。

早上醒来，周围的氛围是安静的，空气是清新的，头脑是清晰的，这时候工作效率高，安静追剧心情爽。可如果熬夜，一天的疲倦自然导致你无法提高工作效率和质量，第二天起不来精神状态不佳，疲倦成了恶性循环。

如果你选择切断这个循环，在某一天早起，那就得逼着自己早睡，从此开启早睡早起的良性循环。

这个世界，正在偷偷奖励早起的人

一项曾摘得诺贝尔生理学或医学奖的研究成果揭示出：当人们漠视生物钟的引导，其患上各类疾病的风险会无形中增大；反之，若是紧跟生物钟的节奏，每日早睡早起，那么，身体的免疫系统便会得到强化，自然更加坚不可摧。

早睡早起，对于身心的健康有着无法忽视的益处，甚至有延长寿命的功效。这种生活习惯，就如同一位智者的箴言，明亮而深沉，引导我们在生活的道路上更加健康、更加长寿。

有一位名叫杰克·威林克的老总，他曾经是美国海豹突击队的指挥官，退伍后创办了一家咨询公司，还出过一本畅销书。一起住了一晚后，记者发现威林克起得特别早，交谈后才知道，威林克当年从军的时候，按照纪律必须4：45起床。

威林克表示："在部队时，总觉得某个敌人在等着我，所以我要比他早起一些。现在，虽然不在军队，但一想到有那么多的竞争者，当我醒来，他们却在熟睡，我就有种莫名的优越感。国外有学者曾针对177位白手起家的成功人士做过调研，研究他们的日常生活习惯，结果是：99%的成功人士，都有早起的好习惯。"

这不是个案，很多取得成就的人，大多有早起的习惯。

香港首富李嘉诚，无论每晚几点睡，第二天早上6点准时起床；苹果创始人乔布斯，每天早上4点起床，晚上9点前完成一天的工作；三星董事长李健熙，早上6点必到办公室，比员工还早半小时；《Vogue》主编安娜·温图尔，67岁时依旧每天早上5点起床，然后打网球、做造型、出门工作……

你几点起，就有什么命

有人羡慕别人有好身材，可是自己却没有坚持跑步；抱怨别人每天准时下班，可自己却没有集中注意力工作，这就是"拖延症患者"。

晚上的熬夜出于对白天浪费时间的愧疚，要知道：熬过漫漫长夜，却熬不过这一生。

可当"夜猫子"挣扎着起不来床时，早起者已经完成了晨跑；"夜猫子"急急忙忙来不及吃早餐跑去上班时，早起者已经吃完早餐，安排好今日大小事宜。

斯坦福大学做过一个调研：早起者行动力、判断力、毅力更强。

网上曾爆出王健林的行程单，竟然是凌晨 4 点就起床健身，然后吃早餐，十年如一日。

南怀瑾先生说过："能控制早晨的人，方可控制人生。一个人如果连早起都做不到，你还指望他这一天能做些什么呢？"

08

你的通情达理，就是善待自己

　　我发现身边很多女孩子都很通情达理，但是她们的通情达理却都是对别人的，而不是对自己。比如说，遇到同事推过来的工作，明明自己很累还是不好意思拒绝；比如明明自己姨妈期不舒服了，坐车时看到老人孩子还是强迫自己让座；或者跟一群人吃饭时处处为别人着想，唯独没有考虑自己的感受。

　　在我看来，这不算真正的通情达理，真正的通情达理是重视自己的情绪，善待自己。

情绪就是心

　　情绪是什么？有人回答，情绪就是心。

心不健康了，身体又怎会健康。

情绪，是一种难以名状的感觉，是心的栖息地，是我们在生活中的导航系统，是我们与世界的桥梁。当心的指针开始转动，从健康到不健康，从明媚到阴霾，那么我们的身体又如何能独善其身呢？

在快节奏的现代生活中，我们似乎越来越容易患上各种各样的病症，这真的只是因为我们不注重健康吗？

并非如此。许多人将精力投入外在的养生之道上，然而，我们更应该关注的是内心的调养。

一个人，如果让委屈、恐惧、焦虑等负面情绪像毒素一般在体内累积，那么终有一刻，一场免疫的风暴将会无情地席卷而来。这些负面情绪，往往是由悲伤的情绪所衍生的。悲伤的时候，心情会如同秋日的落叶一般，逐渐凋零，而随着时间的推移，这种情绪可能会演变为焦虑、抑郁等更为复杂的情绪。

身处在喧嚣的世界中，许多人的内心都隐藏着一种悲伤的情绪。这种悲伤如同一片阴霾，逐渐将人的心情笼罩，让人失去对生活的热情和向往。

有时候，我们会因为生活中的种种压力而感到疲惫不堪，这种疲惫不仅仅是身体上的，更是心理上的。我们的内心会变得越发敏感，容易受到外界的影响，情绪波动也变得异常剧烈。

有些人选择将这种悲伤深深地埋藏在心底，只有在独处时才会释放出来。这种悲伤如同细水长流，缓缓地侵蚀着我们的内心，让我们感到一种无法言喻的痛苦。

悲伤的情绪会逐渐让我们的心情压抑，如同胸口压了一块沉重的石头。我们的生活变得单调乏味，身体也变得疲惫无力。随着时间的推移，这种心理状态可能会演变为抑郁症，让我们陷入无尽的深渊。

要知道，我们所有的情绪，都会反馈到我们身体的每一个地方。

身体每一处细微的疼痛，都是我们内心的求救信号。

当你察觉到自己已经不开心太久，哪怕白天面带笑容，深夜也会把你所有伪装的快乐吞噬时，是不是，该引起重视了？

如何管理情绪

为何我们常常说到"情绪管理"这个词，不是因为它有多时髦，而是，只有管理好情绪，才能管理好身体，才能管理好人生，这是一个递进关系。

下面这几个小方法，也许能为你的"情绪管理"尽一份力。

1. 对着镜子进行情绪练习。每天早上和晚上洗漱的时候，都可以尝试对着镜子微笑，微笑多了，心情自然而然就会开朗起来。你也可以尝试看着镜子里的自己和它对话，多次反复告诉自己：

你很优秀，而且会越来越优秀，无论现在的生活是什么样的，你都有把握挺过去，努力，能让你开启精彩人生。

2. 不断地自我暗示对情绪会有较为不错的作用。每天观察自己的情绪，并对负面情绪作出反馈。可以像写日记一样记录自己一天的情绪，对特别糟糕的情绪作出分析和反馈。

比如你今天有一段时间心情特别低沉，不开心到了极点，你可以仔细回想分析一下，当时是哪件事导致你的情绪值下降，它的根本原因是什么，有没有什么解决的办法，你又能否在之后作出改变？

3. 深挖不良情绪的根源，是情绪管理最有效的方法。

4. 让自己忙起来，能缓解很多情绪问题。

5. 努力去做你所能做的一切。如果工作出现问题，就去找问题的根源，尝试多种解决办法；如果婚姻出现问题，就去调解矛盾，尝试沟通，而不是把气闷在心里。

6. 如果无缘无故不开心，那就去做那些值得你开心的事。

7. 善待自己的情绪，就是善待自己的身体。

认知

职场是不能

放弃的战场

3

选对同行的人，
更容易成功

01

比起"脱单"，你可能更需要"脱贫"

有一天，一位 31 岁的男性粉丝问我："马老师，我现在深陷在爱情的纠葛与理想的矛盾中。我爱上了一个女孩，但我是个穷人，无法给她更好的生活。她的父母坚决反对我们的关系，我曾尝试反抗，但无济于事。现在，我感到很无奈。"

我忍不住好奇，与他展开了对话。

我问他："你现在多大年龄了？你的贫穷又是何种程度呢？"

他回答："我已经 31 岁了，虽然一直在努力工作，但生活却始终捉襟见肘。年轻的时候，我把大部分时间花在了工作上，希望能赚到更多的钱，但年岁渐长，我却发现我仅能达到温饱。"

听到这里，我直截了当地问他："那你年轻的时候，就没有遇到过好姑娘吗？为什么到了这个年纪，你不仅没有摆脱单身，还陷入了这种经济困境？"

他回答道："一直没有遇到好姑娘，我只是一个默默无闻的普通人，没有人愿意跟我这样一个穷小子在一起。虽然我努力工作，但我的经济状况并没有本质的改善。"

听完他的故事，我直截了当地告诉他：除非你三生有幸，遇上一个愿意与你同舟共济、相濡以沫的女孩，否则在这世间，比起寻觅伴侣，你更应倾全力追求财务独立和自我价值的实现。

时间花错了地方

在我生活的世界里，这样的故事范例多如牛毛，往往女性主角的概率相较于男性主角更为突出。我曾在一个公司工作的时候，隔壁有一位同事，名为小梅，那时她已经 34 岁，已经在公司度过了五六个年头，但她的工资却与那些刚刚从大学毕业的学生相差无几。经济的困扰让她的生活品质难以提升，一直处于单身状态。单身并不可怕，有时候也许还能在梦想的世界里驰骋，期待能遇见一个有钱的王子，能带给她幸福。

于是，她开始了一次又一次的相亲旅程。在这个过程中，她尝试了各种可能，却始终没有找到自己的归宿。原因自然是多方面的，但无外乎两点：你看不上别人，或者别人看不上你。

是的，除非你足够幸运，能遇见一个不嫌弃你的年龄和财务状况，还能无私地为你提供富足而优越生活的理想男人。否则，比起"脱单"，你可能更需要关注如何让自己先"脱贫"！

宁做富的单身贵族，不做穷的单身狗

当我们在寻找那个陪伴我们走过余生的人时，外貌、财富、品位、性格等多方面的因素都会对我们作出的决定产生影响。然而，在这样的选择面前，我们是否应该优先考虑那些能够为我们提供更好生活的人呢？

在这个问题上，不同的人会有不同的看法。有些人可能会选择那个富有的人，因为他们认为富裕的生活能够带来更多的快乐和安全感，也能够帮助他们实现更多的梦想。而另一些人则可能会选择那个与自己相契合的人，因为他们相信真正的幸福就是与自己心灵相通的人在一起，即使这个人的财富并不丰厚。

优质单身男青年，并不仅仅是指那些拥有财富和地位的人。他们更应该是有着积极向上的人生态度、乐观开朗的性格、强烈责任心和爱心的人。他们应该有足够的能力来养活自己和心爱的人，同时也应该有足够的勇气和担当来面对生活中的各种挑战和困难。

"脱贫"不是"拜金"，搁在女孩身上一样适用，经济独立，

是一个女孩面对一切困境的底气。你要让自己不再是月光族；不再是只有依靠男人才能活下去的动物，不再是任由别人来挑自己的"劣质品"。你要让自己经济独立，拥有养活自己的能力，然后告诉那些选择你的人："有你更好，但是姐没你，一样过得潇洒。"

宁做富一点的单身贵族，不做穷一点的单身狗。

你的钱应该是挣出来的，而不是省出来的

不瞒你说，我曾深陷于"穷怕了"的恐惧中，那种滋味让人心力交瘁，仿佛一生都被贫困的枷锁所束缚。没有宽广的视野，就难以捕捉到潜藏的机会，没有被人利用的价值，就只能沉沦于底层，挣扎在生活的边缘。

然而，我坚信，钱绝对不是节省出来的，那些过度节俭的人，他们的生活往往带着一种辛酸和痛苦。每一笔花费都像是自剜心肺，毫无享受可言。只有跨越过这道心理障碍，才能真正迎来人生的转机。

在那个我为生活奔波的岁月里，他人的日子如同按部就班的机器，每日完成任务便已足够；而我，却如同一只贪心的工蚁，总试图在同样的时间内完成双倍的任务。我研究的妆容，并非一种类型，而是更多不同类型的呈现；我所赚取的报酬，也并非基础的收入，而是成倍地增长。这就是我与他们的差别，是我对于

时间的理解和运用。我告诉自己，永远不要以没时间作为借口，因为那只是你对于生活和事业的态度和追求的体现。

我深知，人生就是一场与时间的竞赛。每天早晨，当晨光洒满大地，我即投入工作之中。每一分，每一秒，都是我生命的馈赠，我珍视每一刻。我身边的同行们或许在闲暇时会沉浸在小说、韩剧，或者电脑游戏的世界中。然而我选择将时间投入更有价值的事情上，比如学习新的知识，比如寻找更多的机遇。

我有一位朋友，他在白天是一名尽职尽责的会计师，然而在夜晚，他却投入自己热爱的写作中。他用自己的笔名运营着一个微信公众平台，如今这个平台的收入已经远超他的主业。他说，他的时间并不比别人多，他只是将他的时间用在了更有价值的事情上。

学会给自己制造机遇，学会拓展自己更多的兴趣。年轻还能干吗，找时间去赚钱啊，而不是躺在沙发上看着韩剧，做少吃一顿饭存一顿饭钱的事儿。

变优秀是让我们的选择空间更自由

很多人都会疑惑，脱贫后是否能如愿以偿地找到心灵的伴侣。也有人困惑，自己已然足够优秀，却为何仍与真爱失之交臂。

我想告诉他们，每个人的人生旅程都是独一无二的，无人能够确切地断言，只要你脱贫致富，就能立即找到生命中的另一半，然后两人幸福地生活在一起，就像童话故事般完美结局。当然，生活中也不乏脱贫后迅速脱单的例子。

如果你在自我提升后并未如预期般遇到那个对的人，不要因此感到失望。你应该明白，除了脱贫致富，爱情并无固定公式可循。你已经在变得更好、更有经济实力的道路上取得了进步，这已是非常宝贵的成就。

优秀并不代表你能操纵爱情的法则，而是赋予了你更多选择的可能。如今，你可以勇敢地去追求那些曾是遥不可及的目标，因为你有足够的自信和力量去实现它们。

至少优秀的男人和优秀的女人都会拥有更多选择的空间和自由，而不是等待着被别人选择。你要相信优秀的女人会有更优秀的男人趋之若鹜，再贵的男人都有更贵的女人敢要，势均力敌这个词用在他们身上是多么匹配。你越是优秀，就越是想爱就能爱，想嫁就能嫁，你离开谁，谁离开你，你都可以过得很好，这个世界少了谁都能活，你也一样。

所以，亲爱的你，如果你还在为找不到对象苦苦烦恼时，何不去好好想想该如何让自己先好好赚钱，早日"脱贫"。

贫都脱了，脱单还会远吗？或者在你脱贫的路上，它就赶着南瓜马车前来找你啦！

02

社交与独处，哪个更重要

　　有粉丝曾在我的直播间向我提出了一个备受关注的问题：他发现自己并不合群，是否需要改变？

　　这个话题引发了一场激烈的讨论。有人说："无须改变，因为俄罗斯方块告诉我们，你合群了你就消失了！"然而，真正的成长往往需要经历一个孤独的旅程。

　　《奇葩说》第五季第 24 期的辩论赛也以此为主题，引发了热烈的讨论。辩手颜如晶的一席话，让人深思："不合群只是表面的孤独，合群了才是真正的孤独。"这句话，像一把锐利的刀子，刺入了许多人的心。

　　在日常生活中，我们是否因为害怕孤独而选择合群？而那些选择不合群的人，他们内心的恐惧和脆弱被战胜了，他们敢于真实地面对自己的需求。这是一种强大，一种无法言喻的力量。

作为成年人，我们应当倾听自己内心的声音，而不是刻意追求合群。那所谓的合群，其实是一种伪合群。真正的合群，是建立在自我认知和真实需求上的。

面对这个问题，我们应该专注于自我，选择独处，用安静的时间来强大自身。在这个过程中，我们可以深入思考，发现自己的独特之处，找到自己的价值。这样的成长，才是真正的成长。

因为与其沦陷在伪合群的陷阱里，不如专注自我，选择独处，在安静的时光里强大自身。

你的时间很贵，拒绝无效社交

当我到北京的时候，一个我经常与之共事的女孩，热情地把我拉进了一个群。她说，那里是一个经常组织聚餐的乐园，新来的我，如果能被接纳，无疑是一件值得欣慰的事。

在一家烧烤店里，我第一次参加了这个聚餐。十多个人，围坐在一张长长的餐桌旁，大家或吃喝玩乐，或沉浸在游戏的海洋，或被故事吸引，或聆听别人的言谈。其中更不乏一些人的豪言壮语和自我炫耀。

我对此感到不适，因为全程都是没有意义的交流。

尴尬的敷衍，机械化吃喝玩乐，违背本心地找话题，压抑的氛围和令人生厌的讨论，都让我感到疲倦和窒息。这种消耗自己的时间和精力去做一些毫无意义的事情的"伪合群"，就像是一种精神的枷锁，让我们忽略自己，委屈自己，从而迎合他人，获得外界的认同。

这样的聚餐，无疑是毫无意义的"伪合群"，它不仅浪费时间，更是在浪费生命。

聚餐终于结束，然后我在群里看到 AA 费用人均 120 元。我无奈地摇摇头，对于我来说，我只吃了几根串串，而那些堆积如山的烤肉和我并没有关系。但是看到群里大家纷纷发出来的转账记录，我还是默默把自己那份随上。

这钱花得真冤枉！我心想。

也是这次聚餐，我意识到，自己根本不适合这个圈子，强行融入我只会感到压抑。

后来，尽管朋友极力邀约，但我却再也没参加过这样的活动。

在一个荒诞而混沌的环境中，合群这个词似乎变得扭曲，它的同义词不再是有益的社交，而是无谓的浪费。为了迎合这个荒谬的标准，我们盲目地加入了一个又一个圈子，然而，到最后却发现，我们并没有从中得到任何实质性的收获，反而将时间、金钱甚至是那份对人际和社交的热情消耗殆尽。

在这个迷乱的社会中，我们经常在压力和焦虑中迷失，我们选择合群，只是为了掩饰内心的孤独和恐惧。然而，随着时间的推移，我们逐渐意识到，与人群的融合并不能带来真正的满足，反而是让我们远离了真实的自我，远离了我们内心深处的渴望和追求。

时间用在哪，花就开在哪

在大学的岁月里，我遇见过一个女生，她就像一颗孤独的星星，闪烁在人群的海洋里，与众不同，格格不入。

那些岁月里，我们都沉浸在自己的小世界里，形成一个个紧密的团体。而她，却像是一只自由的鸟，独来独往，无拘无束。她的室友们沉浸在化妆的技巧中，享受着恋爱的甜蜜，逃课去追逐所谓的自由。然而她，却总是背着那个双肩包，行走在寝室、食堂、教室和图书馆之间。她的步伐坚定而有力，仿佛每一步都在向世界宣告她的目标。

同学们都积极参加各种社团活动，沉浸在丰富多彩的娱乐中。而她，却拒绝了所有的邀请，选择在图书馆的静谧中独自度过。她沉浸在知识的海洋里，如鱼得水。大家都说，她是一个孤僻的人，然而我知道，她的内心世界比任何人都更加丰富和深邃。

时间如流水般流逝，转眼间到了大三下学期。我们开始意识到，大学三年的时光已经悄然过去，我们曾经的梦想和追求都变得模糊而遥不可及。我们开始为论文发愁，为未来的工作担忧。在这个时候，她的选择让我们所有人都深感意外。

她选择了保研，选择了继续在学术的道路上孤独而坚定地前行。我们都在为合群而努力，追求着那些人群中的欢笑和快乐。而她，选择了自己的道路，选择了那份属于她自己的孤独和坚持。那些独处的学习时光，早已成为她走向成功的阶梯。

因为刻意追求合群，我们耗费了大量的时间精力，付出了大把的青春，但最终收获的却是一事无成的懊悔与沮丧。倘若我们内心足够强大，又怎么会轻易被"伪合群"打倒？

人生最应学会聆听内心，做真实的自己，而不是在盲目合群中迷失自我。我们应该学会独处，利用独处时间去学习提升自己，找到自己真正的热爱，强大自身。

合群很重要，但合一个什么样的群更重要。刻意追求合群，是一种"伪合群"，是对自己、对生活的妥协。年幼的小鹅，放在鸭群里只是公认的丑小鸭，只有找到属于他的天鹅群，才能感受到和同类在一起的美好。不是一类人，刻意往里钻，反而会让人不舒服。

比起伪合群，那些不太合群的人，更加清晰自己的目标和需求，懂得追求自己想要的东西。

03

建立富人思维，让你做事更有底气

在很年少的时候，我就立志要成为一位富有的人，这并不是对金钱的热爱，而是为了追寻那种独立自由的感觉。我渴望能够自由地抒发自己的思考，而不受他人意志的摆布。我追求的并非金钱的多少，而是那种可以无忧无虑地做自己喜欢的事情的自由。

在《脑袋决定钱袋》这部作品中，有一句话深深地震撼了我，我将它烙在心头："贫穷更像是一种思想障碍，而非一种经济状态；富人最大的财富并非他账户上的数字，而是他与众不同的思维方式。"

很多时候，让一个人陷入贫穷的，不是经济上的困顿，而是思维上的牢笼。

那么，又要如何实现财务自由？和普通人相比，富人到底厉害在何处？很多人首先会想到富人思维。的确，富人在思维上更加懂得计算和权衡利弊，也因此，在行动力上更加精确，其财富的累加也更加高效。

如何建立富人思维呢？这十几年的努力和经历，让我有了一些体会。

不做情绪的奴隶

巴菲特和比尔·盖茨曾去华盛顿大学作演讲，在场的学生们如痴如醉。一个勇敢的学生忍不住提出了一个问题，他大声问道："两位大师，你们是如何做到比上帝还富有的呢？"

巴菲特露出了他招牌式的微笑，温和地回答道："答案很简单，成功与智商无关，关键在于理智。"他顿了顿，接着说，"就像一个棒球手，如果他只是凭借情绪而非理智去挥棒，那么他可能会错过一个好球，或者挥棒过度。理智让我们在面对复杂的商业决策时，能够冷静分析，作出正确的选择。"

比尔·盖茨听了巴菲特的回答，赞同地点点头，他说："我非常赞同巴菲特的看法，我认为，掌控情绪的能力，决定一个人是否能成功。"他的眼神透露出对未来的坚定信念，"在现代社会，商业竞争如同逆水行舟，不进则退。只有能够掌控自己情绪的人，才能在这个环境中脱颖而出。"

不难发现，越是厉害的人，往往越懂得控制情绪。

我想你一定有过类似的经历：遇到蛮横无理的客户，情绪上头的时候出言顶撞，结果搞砸了合作；接到一项任务就开始唉声叹气，还没开始干，就背负了巨大的精神压力。

正如胡夫兰德所说："世上一切不利的影响中，最能使人功败垂成的，往往就是过度的情绪。"我们需要学会掌控自己的情绪，让自己在面对困难和压力时，能够保持冷静和理智。

真正聪明的人秉持事在人先的原则，遇事先处理事情，再处理情绪。

这是一种能力，更是一种格局。

圈子的重要性

在《百家讲坛》的舞台上，主讲人赵玉平提出了一个令人深思的问题："一只鹤立于鸡群中，是鹤比较难受，还是那群鸡比较难受？"

有人认为，鹤，作为一种出类拔萃的生物，置身于平凡的鸡群之中，是一场降维打击。他们坚信，鹤定能在鸡群中展现出其优雅和高贵，从而获得优越感，而那些鸡群，在鹤的面前，定会感到自卑。然而，赵玉平老师却有着不同的观点。他解释道，鹤立于鸡群，最终的结果只有两个，要么被鸡群逼死，要么被鸡群同化。他强调，圈子是有同化作用的，这一点不容忽视。

这不禁让我想起了一个常见的现象。在现实生活中，那些选择向下社交的人，或许能在短暂的时间里找到所谓的"优越感"，但事实上，他们往往因此停留在鸡群之中。相反，那些选择与高人为伍的人，虽然可能会面临来自高手的打击和压力，但最终，他们将从中受益，实现自我提升。

这就像犹太圣典《塔木德》中的那句话："穷，也要站在富人堆里。"这句话传递了一个深刻的意义：即使你目前处于贫困状态，也要努力去接触富有的人和环境，以此来提升自己的视野和认知。

向下社交，或许能得到短暂的优越感，却也意味着永远停留在"鸡群"。选择与高人为伍，或许一开始会面临痛苦打击，最终受益的一定是自己。

不要被虚假的时间付出感动

《经济学人》近期发布了一份调查报告，揭示了一个令人惊讶的现象：在过去的 30 年里，中产阶级和贫困阶层的工作时间大幅下降，而精英和富人的工作时间却在大幅提升。

这一现象的原因可以归结为两个方面。

首先，对于穷人来说，他们更加关注时间产出比，认为工作本质上就是出卖自己的时间。如果他们认为报酬与付出不成比例，就可能会选择以"摸鱼"的方式应对，从而尽可能地减少工作时间，这是他们的一种反抗方式。

而另一方面，富人则将工作的本质视为创造价值的过程。他们将更多的精力投入工作中，通过不断提升自己的能力和技能来创造更多的价值。这种积极的态度使得他们能够在工作中取得更好的成果，并因此获得更高的收入。

知名经济学教授薛兆丰说过："人，永远在为自己的简历打工。"这句话深刻地揭示了工作的本质。如果你能够将工作视为自己的事业来经营，将每一个当下都当作为自己未来的增值而努力，那么你将能够不断提升自己的能力和技能，最终实现个人价值的最大化。

当你把工作当成自己的事业去经营，你现在努力的每一分钟，都是在为自己的未来增值。

管理好金钱

在美国，彩票中奖者的破产率高达 75%，相当于每年 12 名中奖人员中有 9 人破产。这些数字揭示了一个残酷的现实：对于那些被幸运之神眷顾，突然之间拥有了大笔财富的人们，管理金钱的能力往往成了他们最大的挑战。

不懂得管理金钱的人，就像是被金钱抛弃的孤舟，迟早会在金钱的海洋中沉没。他们可能会在短暂的欢愉后，发现自己已经陷入了无尽的困境。而那些懂得如何运用金钱的人，却能够通过智慧和规划，将这笔财富转化为真正的人生价值。

同一笔资产，有些人会将其用于投资学习，提升自己的能力，从而获得更多的回报；有些人则会将其用于理财，稳健地获得一定的收益。然而，如果只是将这笔钱用于吃喝玩乐、沉溺在放纵的欲望中，那么最终的结果只能是自己的消耗和挥霍。

社会研究专家托马斯·斯坦利在对北美千万富翁的背景和致富过程进行研究发现，那些成功的人士通常更善于运用金钱。他们不仅懂得如何挣钱，更懂得如何管理金钱，如何将财富转化为真正的人生价值。

会挣钱是一种能力，但如何管理金钱更见本事。我们应该珍惜每一分钱，将其用于有意义的事情上，让自己的生活更加充实和富有价值。这样的管理方式，才能让我们真正地成为金钱的主人，让金钱成为我们人生的助力。

坚持的力量

一张微不足道的 0.04mm 的纸张开始一次又一次的对折，它不断地挑战着自身的极限，带着无与伦比的决心和韧性，开始了从微观到宏观的华丽变身。

最初，那张微小的纸张，如同一片精致的雪花，几乎无法引起人们的注意。然而，随着一次又一次的折叠，它的体内开始凝聚出一股强大的力量，一股源自每一次折叠的微小改变，但最终将引发巨大连锁反应的力量。

这是复利的魔力，这是一种无法忽视、无法抵抗的魔力。它让一张普普通通的纸，在经过 64 次的反复折叠后，变得无比庞大，无比强大。它让一个微小的起点，通过持续地积累，最终达到了一个惊人的高度。

在这个过程中，我们可能会看到一些短期的挫败，可能会看到一些长期而缓慢的进步。但是，只要我们坚持下去，只要我们不断积累，不断努力，我们最终会看到那些看似微不足道的改变和努力带来的复利效应。

生活中，我们总是渴望快速得到结果，渴望今天付出努力，明天就能看到回报。然而，事实是，没有长期地积累和努力，没有一次又一次的坚持和尝试，我们就无法享受到复利的魔力。

用复利的眼光去看待生活，用复利的思维去面对挑战，你会获得不一样的人生。

04

逆袭的最佳出路，就是学会破圈

我们常常赞美"逆袭"，比如某个学生从学渣变学霸；某个相貌平凡的女孩从卑微渺小到独立强大；某个底层打工人从最艰难的工作做起，实现财富自由……

逆袭的故事看起来很爽，但它从来不是一个瞬间的蜕变，而是漫长的成长过程。

那些从失败中奋起，从卑微中崛起，从挫折中找回自我的故事，让我们看到了努力和坚持的力量。因为逆袭的故事不仅仅是一个瞬间的蜕变，而是一个漫长的成长过程，是一个人在不断努力和积累之后，终于实现了自己的梦想。

我很喜欢的一位女性人物埃莉诺·罗斯福，她曾经是被母亲看不起的丑小鸭，最终变成了备受世界爱戴的"第一夫人"。那个曾经胆怯羞涩，害怕被世界遗弃的孩子，最终变成了为贫困群体和弱势群体争取权利的伟大女性，甚至被提名为诺贝尔和平奖得主。她的丈夫是富兰克林·罗斯福，美国历史上任职时间最长的总统。然而，埃莉诺的逆袭并不止于此，她改变了"第一夫人"的定义，她不再是总统的附庸，而是独立的政治家。

像她这样取得成就的人，无一例外都是打破了自己原来的社交圈。

可以说，学会"破圈"，是普通人逆袭的开始。

认识你的困境

我们的圈子无非两个。

一个是舒适圈，一个是朋友圈。

一个人在毕业后进入某个岗位，经过三年的磨砺，对职业的琐碎细节和行业的运行规律有了熟稔的掌握。在这个过程中，他或许会体验到一种安于现状的满足感，一种无须追求更多进步的舒适感。这种安逸，就像一个温暖的怀抱，让人忍不住沉溺其中。然而，随着时间的流逝，这样的人员往往会出现一种被称为"35岁危机"的现象。他发现自己停滞不前，无法突破自身的瓶颈，无法适应不断变化的社会和职场环境。

与此同时，他的朋友圈也基本定型，他所结交的朋友，都是那些认知和能力与自己相差无几的人。他们或许可以在一起分享生活的欢乐和忧虑，但很少有人能给他们提供实质性的帮助。朋友的圈子，仿佛一座城墙，将他限制在熟悉的世界里，无法看到更广阔的世界。

随着年龄的增长，许多人会经历结婚生子、组建家庭等人生阶段。此时的经济压力逐渐增大，他们需要为生计奔波，成为忠实的"打工狗"。生活的重担和压力，使他们无法摆脱既定的生活轨迹，无法腾飞去追求更宏大的梦想。

家庭压力、工作压力导致焦虑抑郁，经常和家人大吵大闹，日子过得一团糟。这种精神状态，也很难走出来，很多人就这样浑浑噩噩过完一生。

而且，这种状态会潜移默化地传给下一代。

要如何改变这种困境呢？

打破舒适圈

一句话概括，就是以破朋友圈，带破舒适圈。

什么意思呢？曾经，你生活在一个平庸的圈子中，你的朋友都是一些满足于现状的人，每天的话题无非是职场八卦、娱乐新闻和生活中的琐事。这样的环境让你感到乏味无趣，缺乏刺激和动力去追求更高的目标。

然而，一次偶然的机会，你换了一个圈子，这里的人们有着不同的价值观和追求。他们不仅关注职场风云变幻，更注重个人成长和财务自由。每天，你开始听到一些关于如何赚钱、如何实现自我价值的讨论和分享。

这样每天刺激一下，你是不是也想改变。我一直强调，最好的自律不是靠坚持，而是靠情绪刺激，而这才是最好的良药。所以破圈，去到一个积极正能量的圈子里，一举两得，既能打开眼界，也能刺激自己行动起来。

怎么破圈呢？

每个人的朋友圈都像是一个精心编织的社交网络，其中包含两种不同类型的联系人，他们分别构成了我们生活的内外两个层面。

内层的朋友圈，是那些与我们关系最为紧密的人群，他们与我们共享着许多生活的点滴，是我们日常生活中的重要组成部分。我们与他们之间的联系就像是一条条繁忙而紧密的线，串起了我们的日常，充满了欢笑与泪水，是那种可以在任何时候向我们提供支持和帮助的人。

然而，这个内层朋友圈往往规模较小，只有几个人或者几十人。虽然他们的数量不多，但他们的存在对我们的生活有着深远的影响。这些强联系的人，他们的观点、行为和思考方式往往与我们非常相似，他们是我们最熟悉的人，也是我们自我认知的重要来源。

然后，是那个外层的朋友圈，这是一群我们可能只是泛泛之交，或者仅仅是在社交媒体上点过赞的人。他们可能是我们的同学、亲戚、同事，或者只是那些我们在社交场合中偶遇的人。他们或许并不了解我们，但是我们却能从他们身上看到不同的世界，不同的观点，不同的生活方式。

尽管这些弱联系的人可能与我们有着各种各样的差异，但是他们却扮演着一个重要的角色。他们可能是那些向我们提供商业机会的人，可能是那些能给我们带来新的认知和思考方式的人。他们可能并不会直接参与到我们的日常生活中，但是他们对我们的影响是深远的。

要打破我们现有的社交圈子，开始一种新的生活方式，我们就需要从这些弱连接开始改变。我们需要主动去接触那些与我们不同的人，去了解他的生活和思考方式，去接受新的观点和认知。

强联系的人与我们认知、背景、学识都差不多；而弱联系的人往往与我们有着不同的背景、经历、圈子等，他们才是给我们提供商机、颠覆性认知的关键。

我们破圈，就要从以下几点开始改变。

1）不要专注个体，而是整个社交网

在这个快节奏的社会中，我们身处一张无形的社交大网中，与各种各样的人建立联系。在这张大网中，弱连接是我们与世界各地的陌生人建立的短暂、浅层的连接。这些看似微不足道的连接，却能在不经意间为我们带来意想不到的机遇。

然而，我们不能仅仅专注于个体，而是要学会维护好大网。因为在这个充满无数可能性的世界中，人与人之间的联系往往蕴藏着无尽的价值。在随机的偶遇中，往往就会有惊人的收获，也许是找到志同道合的合伙人，也许是发现一个新商机等。

维护好大网，我们需要努力做到以下几点。

首先，要以诚信为本。诚信是建立和维护人际关系的基础，一旦失去了诚信，便如同在圈子中判了死刑。在弱连接中，我们不需要过分花精力去维系每一个关系，但我们必须保持真诚和信任，让每一次交流都充满善意和尊重。

其次，要乐于提供价值。在人际交往中，互相帮助、互相提供价值是增进关系的重要方式。对于弱连接，我们可以尝试提供一些简单的帮助或建议，如分享一些有趣的资讯、给予工作上的建议等。这些微小的举动能够让对方感受到我们的关心和善意，从而建立起更紧密的联系。

此外，还要保持谦逊和尊重。在面对弱连接时，我们要学会倾听对方的需求和想法，给予他们足够的关注和认可。不要轻易地打断对方，而是给予充分的表达和阐述的机会。这样不仅可以建立起良好的沟通氛围，还能为后续的互动打下坚实的基础。

同时，学会保持适当的距离。虽然弱连接强调的是泛泛之交，但我们也要避免过度消耗对方的精力和时间。在与他人保持联系的同时，要学会给彼此留出一些空间和时间，让关系得以呼吸和成长。

其中特别重要的是诚信，一旦坏了，在整个圈子里基本宣告了你的死罪。

提供价值的方法有多种，并不需要你本身是一个牛人。你也可以整合别人的内容，提供信息，信息也是价值的一种。比如有人专门把同一类有用的信息筛选整合起来，让别人更方便地阅读。这就是价值。毕竟互联网上的内容太多了，参差不齐，找资源、教程也费时间，有人做了这件事，那就会赢得好感。

同时，要有意识保持这种弱连接。比如给新认识的朋友贴上标签，他是哪里人，有什么专业背景，能够提供什么样的资源等。使用微信就能很好地打标签。

这就是在给自己建立一个弱连接资源库。当你今后在某方面有人脉需求时，就能凭借这些标签，迅速找到符合的人群。你找他帮忙，自己能和他同一高度对话，那就互相交换信息价值；自己不能和他同一高度对话，就交钱。

不要谈感情，感情是需要时间和精力来维系的，既然定位是泛泛之交，就需要用钱和实用价值来维系，反而更高效。

总之，关键是要找准自己在已有弱连接中的定位，做到随时可查询，随时打通。

2）结识新的群体，主动创建连接

每个人的生活阶层都是独一无二的，但能接触到的阶层都是相同的，就是说你的朋友往往跟你是一样的。尤其是在阶级逐渐固化后，如果你不主动去破圈，很难认识到比自己强的人。

在这个逐渐固化的社会中，你的朋友，你的社交圈子往往就像一面镜子，反映出你的阶层。80后、90后，农民的孩子和书记的孩子，他们的人生轨迹仿佛两条平行线，很难再有交集。官商的后代，他们享受着优越的生活，接受着精英的教育，而底层老百姓的孩子，他们在生活的艰辛中摸爬滚打，努力生存。

初中毕业后的孩子，选择了去工地搬砖，他们的世界被局限在钢筋水泥的森林中，每天面对的是沉重的工作和疲惫的生活。而大学毕业的孩子，他们步入写字楼，坐在明亮的办公室里，谈论着项目和数据分析，过着完全不同的一种生活。这两种生活就如同两条平行线，很难交融。

所以更需要年轻人主动去创建新的弱连接，找到牛人，带自己一把。这里说的带，并不是手把手教你，也可以是他的一个观点，一些经验分享启发了你，让你开启一个新的事业。

比如考入更好的大学，跳槽去一家大公司，加入一个兴趣圈子等。每加入一个新群体，弱连接就会刷新一次。而这可能都会成为实现跃迁的关键跳板。

现在互联网上有很多以兴趣为主的圈子，有读书的圈子，有创业就业的圈子，有投资理财的圈子。你想做什么，基本上都有对应的圈子可以加入。

3）构建你的人脉资源网络

有一种人是万事通，他的影响力无处不在。他并非天赋异禀，也没有出类拔萃的才能，但他却拥有一种独特的社交能力，一种能够将人们联系在一起的能力。他就像一个繁忙的社交枢纽，无数的人流经他的身边，然后扩散到各个方向，形成一张无形的网络。

当别人需要就医时，他能够轻易地为他找到最顶尖的专家；当别人需要写代码时，他能立刻为他找到最专业的程序员；当别人需要购买保险时，他能为他找到最合适的保险员。他的能力并非在于问题的解决，而在于他能够将这些人和问题有效地串联起来，建立起联系，帮助人们解决他们无法解决的问题。

这种人不变富都难。所以能力不够的人，可以成为人脉纽带，把一个个圈子连接起来，构建出一张高质量人脉网络，别人的问题，通过你的网络，都能找到合适的人来解决。

这在信息爆炸的时代很重要，骗子太多，有人专门来甄别，那么我想谁都愿意和这样的人连接。比如你通过弱连接，找到你的同学圈子，给他们打上标签，某某擅长什么，能提供什么；再找到前公司的人，同样打上标签。你有小学同学、初中同学、高中同学、大学同学，还有工作过的公司ABC，加入过的圈子123。

找到合适的契机，比如有个前同事要装修房子，而你的小学同学恰恰是干装修的，互相介绍他们两人认识，解决他们的问题。那么你自身的价值，也将被放大。

在这个时代，知识是最宝贵的财富，而智慧则是最强大的力量。穷人往往认知局限，圈子太小，缺少成功的经验，唯有通过破圈，连接到牛人，向他们学习认知、做事的方法、经验，然后自己去实践，这才是逆袭的捷径。

05

用猎头找人的方法，挑选你的人生队友

在这个世界上，寻找一个合适的伴侣，就像是在繁星闪烁的夜空中寻找那颗属于自己的明亮的星星。虽然人们可以通过工作来满足自己的物质需求，但是，内心的孤独和空虚却需要一个知心的伴侣来填补。

与工作不同，选择伴侣并不是一件简单的事情。工作的更换只需要重新递交一份简历，参加一次面试，有些人甚至短时间内因为各种原因换十几个工作，而夫妻关系的破裂却需要经历一段刻骨铭心的痛苦过程，更换的成本实在太高了。因此，在一开始就选择一个相对靠谱的伴侣，显得尤为重要。

关于伴侣、婚姻这个领域，巴菲特有很多"爱的箴言"：

你能犯的最大的错误，你人生中的最重要决定是，跟什么人结婚。只有在选择未来伴侣这件事上，如果你真的选错了，将让你损失很多。而且这个损失，不仅仅是金钱上的。

巴菲特也无数次强调，无论什么时候都不能为了钱结婚。

要是有个人让我倒胃口，但是和他走到一起，我能赚1亿美元，我会断然拒绝，要不和为了钱结婚有什么两样？无论什么时候，都不能为了钱结婚，要是已经很有钱了，就更不能这样了。

我经常对学生们讲，等你们到我这个年龄，要是你心里挂念的人真心爱你，你就成功了。很多人捐赠了以他们名字命名的大楼，获得了各种尊崇的荣誉，可惜没人真心爱他们，连接受他们捐赠的人都不爱他们，这样的人，我和查理见过很多。

我和查理聊天时说过，要是花100万元能买来爱该多好。可惜它是买不来的。只有付出爱，才能换来爱。无论你为别人付出多少，总能得到更多回报。不付出，没回报。我接触过的人，凡是能得到爱的，没有觉得自己不成功的。没人爱的人享受不了成功的快乐。

那么，如何选择合适的伴侣呢？

我的建议是：要像猎头挑选人才一样，去挑选你的伴侣。

恋爱婚姻其实和工作一样，都是成年人的生活重心。你不妨把自己想象成掌控自己生活的 CEO，如果将身边的伴侣位置设想成一个职位的话，大概任何雇用者都无法忍受长期的职位空缺。因为这会影响到"公司"的当下运营，以及未来的发展计划。

所以，为了提高效率，别宅在自己的圈子里等邂逅了。不如参考大公司填补职位的方法，像猎头一样去寻找另一半吧！

先定下你的标准

在猎头的工作流程中，首先需要对客户需求进行分析和评估，以了解客户期望招聘的人才特征。这种准备步骤同样适用于寻找另一半。在招聘启事中，不会出现诸如"合眼缘"这种主观的、抽象的描述，因为它们是效率的绊脚石。

拿出纸笔，认真思考并记录下你期望的伴侣应具备的各种特质。当然，这并不是让你盲目追求财富，但如果你对伴侣的经济状况有一定的要求，比如希望对方能够开宝马奔驰，那么可以将这一点写入记录中。

在猎头们寻找人才的过程中，他们更倾向于与那些需求明确的招聘方合作。因此，在准备阶段，他们会花费大量时间与招聘方进行反复沟通，以尽可能详细地了解企业对人才的需求，包括学历、工作经验、薪资要求以及人脉资源等方面的需求。

在为自己寻找理想的伴侣时，你也需要反复思考自己的需求和期望。如果没有明确的方向，可以画一张表格，按照从外在到内在的顺序有逻辑地列出各个选项，例如身高、体重、收入、家庭背景以及兴趣爱好等。这些选项无须精确到厘米或元，但必须明确界定出你所能接受的范围。

如果你仍然无法确定从哪里开始寻找自己的伴侣，可以尝试采用逆向思维的方法——人们或许无法准确地说出自己喜欢什么，但通常能够清楚地知道自己最无法容忍的特质或行为。

在列项的过程中，回顾一下你曾有过的"合眼缘"的对象，你会发现，无论你过去喜欢过几个人，他们间总有些共同特质，而这些，就是你需要画上五角星的重点标准。等到那张白纸上的选项都填满了，未来伴侣的形象也就渐渐清晰起来，把寻找到他／她列上你的日程吧！

需要提醒的一点是，在列出对方的条件时，先得考虑一下自己能够开出什么样的"价码"。正如在猎头界，不会有人随便去挖比尔·盖茨一样，除非你是布拉德·皮特，否则就别要求对方像安吉丽娜·朱莉一样风情诱惑外加比例上佳。让梦中情人的想象回归梦中，现实中找爱的请回归现实。

仔细评估你的"候选人"

我们经过两个步骤的细心选择后，无论是猎头还是寻爱，你心目中的候选人都应该已经被圈定出来。所谓候选人，一般不止一个。猎头会通过电话、面谈等接触职位候选人，通过聊天来判断对方的条件是否适合那个职位，以及对方是否有意跳槽。这样的试探一般会伪装成吃饭喝茶的形式，而不是在小房间里摆开面试桌椅那么正式——那是企业面试时才会采取的步骤。

在寻爱的道路上，你就是一位专门为自己服务的猎头，必须为自己把关。在列出的精细的择偶标准表上，罗列出你绝不妥协的品质——例如，对方的孝顺程度、上进心等核心特质。口头上的承诺与表白往往如雾中看花，你需要从生活的琐碎事件中观察对方的回应。例如，对工作的态度，就能反映出他/她的真实面貌。

如果对方在日复一日的工作中，对环境的抱怨如绵延的江水，流淌了半年，却未见任何改变的行动，那么你大可以将他列为不合格，或者需要进一步观察的对象。因为他的消极态度可能会如暗涌般延伸到你们的生活中，没有人希望自己的婚后生活在无尽的抱怨和停滞中吧？

当然，没有人喜欢被如此冷静地评头论足，你的评分本应藏在心底，如同上锁的日记本。寻找爱情的投资同样需要时间和金钱，你需要更多的时间和候选人共进晚餐、通电话，甚至旅行。即使是在压马路时，男方选择走内侧还是外侧，你也可以从中看出他对细节的处理，从而评估他的个人品质。感谢这个时代的进步，我们不再需要一次约会就决定终身。

后续的追踪服务

在相处一段时间之后，两人如同色谱上的色彩逐渐融化，相互渗透，犹如糖溶解于茶。他们逐渐向着共同的方向缓缓流淌。这不是一个瞬间的变化，而是一个循序渐进的过程，一个由朋友到家庭成员的过渡。

然而，当这段关系从谈恋爱层面上升到婚姻级别，就像是一场戏剧的转折，原本轻松的剧情开始变得严肃起来。这时，他们的需求不再只是个人的情感满足，而需要考虑到家庭的因素，尤其是父母的意见。

在这个阶段，父母的作用就像是一道无法逾越的屏障。他们的担忧、他们的期望，都会如同一把锐利的剑，切割在这段关系之上。然而，这并不是因为他们与你选的伴侣候选人有什么本质上的冲突，而是因为他们担心你的选择可能会带来的风险。

然而，这并不意味着你必须完全放弃你的选择。相反，你可以通过与家人的沟通来消除他们的疑虑。这就像是一场猎头工作，你需要通过有效的咨询和后续服务来解决试用期间可能产生的种种问题。

在这个过程中，你可以用你的智慧、你的情感去说服他们，让他们明白你的选择是正确的。你可以向他们展示你的伴侣候选人的优点，他的善良、他的责任感、他的热情。你可以告诉他们这个选择是基于你对他人的尊重和对自己的理解。

你的伴侣候选人此时也需要展现出他的真诚、他的尊重、他的理解以及他的爱。他需要理解你的家庭的文化和传统，尊重他们的观点和担忧。他需要以一个积极的态度来面对可能出现的问题，与你的家人共同寻找解决问题的方法。

在这个过程中，你会发现你的角色正在发生改变。你不再只是一个独立的个体，而是一个家庭的代表，一个新家庭成员的引荐者。你需要以一个成熟的态度来处理这种变化，理解并尊重家人的观点和担忧。

然而，无论这个过程如何艰难，你都不能放弃你的选择。因为这是你的婚姻，你的生活。你需要在理解和尊重家人的基础上，坚持你的选择。你可以用你的行动来证明你的决定是正确的，你可以用你的爱来化解所有的困难和挑战。

事情的症结通常不在物质条件，而在双方的相处方式。你这个"猎头"是否称职，会在很大程度上影响事情的结果。在这个步骤里，你的角色需要稍加转换，变成双方的咨询师，将父母（招聘方）和伴侣候选人（应聘者）的需求综合在一起，寻找其中的平衡点。

　　从职场到家庭，遵循着一些普世的准则。其中，两条守则如同明灯一般，照亮我们的人生道路，一是信息透明，二是彼此尊重。

　　在职场上，信息透明是一项至关重要的规则。就如同隐瞒履历如同隐藏在黑暗中的险滩，谁也无法预知它的深度和危险。每一次的隐瞒和欺骗都会如同一道无法修补的裂痕，打破你我之间的信任。因此，我们应当以诚相待，让信息如同明亮的阳光一般，照亮每一个角落，这样不仅可以增加他人对你的信任，也可以避免不必要的误解和冲突。

　　而在家庭中，彼此尊重则是维系关系的重要基石。在父母、自己与伴侣之间，我们应如同对待客户和候选人一般，细心地平衡彼此的需求。我们不能以强势的态度逼迫任何一方接受自己的观点，因为这会如同一道无法弥补的伤痕，破坏家庭的和睦。因此，我们需要更加深入地理解他们的需求和期待，就如同猎人深入丛林，寻找猎物的踪迹一般，这样才能真正地尊重他们。

06

没有任何人会对他的建议负责，除了你自己

　　我经常会遇到这种情况，我的读者朋友上来就会问我，马锐老师，我遇到了一个新的工作机会要不要跳槽？或者是，我跟我男朋友吵架了，我要不要跟他分手？

　　说实话，很多人会把某个领域的专家当成全能专家，进而期望别人在不了解自己生活全貌的情况下，给到自己一些非常有效的建议。这其实是非常不负责任的。

　　不管是给建议的人，还是寻求建议的人。

　　除非建议你结婚生子的人可以在你婚姻不幸、养子艰难的时候为你大包大揽一切困难；除非建议你买股票炒股的人，在你亏损后弥补损失；除非建议你换工作的人，在你失业后接济你的

生活……

可你很清楚，没有这样的人存在。

没有人会对自己的建议负责。那个听从别人建议并为后果买单的，从来只有你自己。

随便给建议是无知的表现

在未曾洞悉事情的深层内情之前，我曾盲目地以自己的经验和理解去给出建议，以为这样就能为他人排忧解难。然而，我未曾意识到，每一个问题都有其独特的背景和复杂性，每一个个体都有其独特的心理需求和承受力。我的轻率举动，不过是我无知的表现，是我对他人真实状况的忽视和对他人的不尊重。

在年轻的时候，我总是以自己的视角来评判他人的问题，我所提出的建议，都不过是从自己的角度出发，而对于他人真正面临的困境，我却是视而不见。

无法真正感同身受，给出的建议，对于他人来说，或许是无益的，甚至可能是有害的。

一个人自以为是的建议，总是打着"我是为了你好"的幌子，让别人去认同你的价值观；一旦别人没有听从你的建议，就会感到很难受；你给别人提供的价值，未必是他人所需。

盲目地建议，只是自己的一种无知的表现。最根本的问题，是自己缺乏提建议的能力。

合理的建议应该在深入沟通后提出

在面对需要提出合理建议的情况时，我们需要深入地和对方沟通，以了解问题背后的根源和原因。运用深度思考，努力找出问题的本质，分析其中的原因，以及它们如何与利害关系相互影响。

要始终以保持信息同步为沟通的前提。首先聆听对方的陈述，询问他们的问题，并确认他们的需求。努力使双方的信息保持一致，以便能够更有效地传达你的想法和建议。

在沟通中，也需要注意理解对方的情绪需求。或许他们只是需要你的认同，或者只是一个可以倾诉的对象。你得尽力区分自己的情绪和期望，以便更好地理解他们的真实需求。

在真正理解了他们的问题后，你要站在他们的角度感受问题，用共情的能力去寻找问题的本质。运用自己的思考和专业知识，提供具有启发性的深度建议。

如何面对别人的建议

对待别人的建议，需要以开放的心态和理性的思维去对待。

1. 认真倾听：当别人给你提出建议时，你需要认真倾听他们的建议，并尽可能理解他们的观点和想法。这可以表现出你的尊重和关注，也可以让你更好地了解对方的想法。

2. 理性分析：在听取别人的建议后，你需要理性地分析他们的建议，并思考其可行性和合理性。你可以从自己的角度和对方的立场出发，综合考虑各种因素，从而作出更明智的决策。

3. 表达感谢：无论你是否采纳别人的建议，你都需要表达感谢，这可以表现出你的礼貌和感恩之心，也可以让你与对方保持良好的关系。

4. 适当反馈：如果你不采纳对方的建议，你需要适当地给予反馈，这可以让对方了解你的想法和决定，也可以让他们知道你尊重他们的意见。

5. 保持独立思考：虽然别人的建议可以为你提供参考和帮助，但最终的决策还需要你自己做出。因此，你需要保持独立思考，从自己的角度出发，综合考虑各种因素，从而作出更明智的决策。

如果建议方案者收取了报酬，也会有更大的责任和义务做好服务。在质量和完整性上一定会更为准确和全面。毕竟人们都需要生活，没有报酬，从时间等角度讲，不会全心全意地去做更深入的交付。如果做一个建议者，建议如果对他人确实是行之有效的方法，那也一定要收一些报酬，无论是好友还是亲戚，报酬不一定是金钱，因为只有这样，他们可能才会更珍惜和采纳吧。

总之，对待别人的建议需要以开放的心态和理性的思维去对待，需要认真倾听、理性分析、表达感谢、适当反馈、保持独立思考等多种因素综合考虑，从而作出更明智的决策。同时，你也需要明确自己的价值观和目标，坚持自己的原则和立场，从而更好地实现自己的梦想和目标。

07

什么样的人，适合跟你一起做事

　　找到一个可靠的合作伙伴，就如同在战场上找到一把坚不可摧的利剑，让你在挑战中无惧风雨，勇往直前。而若遇上不靠谱的"猪队友"，则无疑是一场灾难。他们可能会如同一颗老鼠屎，坏了一锅汤，让你费尽心思准备的工作成果付诸东流。

　　因此，寻找靠谱的合作伙伴，是职场中至关重要的一环。这不仅关乎工作的完成质量，更关乎个人的职业发展。那么，如何找到这样的伙伴呢？

言而有信的人

　　人无信不立。职场中，最怕遇到的，就是那些把说话当放屁的人。

比如刚刚你还与他并肩作战，共同承诺，那份报告将在周三准时交到你手中。然而，当周三到来时，我望向他的方向，却发现他压根就没有开始。与这样的人一起共事，无论是谁，都会感到崩溃。

一个真正可靠的人，他们视诚信如生命，他们遵守自己的每一个承诺，就如同守护自己的生命一般。他们不仅说出承诺，更会为之付出艰辛的努力，他们的承诺不会轻易改变。

当不可抗力的因素出现，他们会第一时间告知。与这样的人共事，你可以信任他们所说的一切，可以依据他们的承诺，放心地制订计划。他们的诚信，可以最大限度地避免因为对方食言而带来的风险和不必要的麻烦。

做事有交代的人

在工作的世界里，往往造成巨大损失的，并非由于事情本身未能做好，而是由于缺乏信息的交流，导致预测与现实之间产生严重的偏差，未能及时应对从而使事情恶化。

比如一周的最后一天，你筹备着一次重要的会议，需要一位同事提供的关键数据。同事向你保证，这个数据会在周四之前准备就绪。然而，周四上午，你从另一位同事口中意外得知，机房的服务器发生了故障，无法下载数据。这个消息并未被传达给你和你的团队，犹如在平静的湖面上投下了一块巨石。

在工作中，唯一不变的，就是变化。无论是预订的计划，还是预期的结果，都可能因为突发的状况而发生改变。然而，及时通知相关的团队成员，让大家能够根据这些变化调整后续的工作计划，是至关重要的。

再举个例子，领导在微信上给你发布了一项任务，要求你在下班前提交一份报告。你看着手机屏幕，犹豫是否应该立即回复，告诉领导你无法在规定的时间内完成任务。然而，你选择了等待，希望在最后时刻来临之前，能找到解决问题的办法。

不及时回复信息，无疑是一种不负责任的行为。它可能引发对方的担忧和猜测，甚至可能引发不必要的恐慌。因此，及时回复信息，客观地陈述实际情况，无论结果如何，都是最明智的选择。

可靠的合作伙伴，他们会及时与你沟通工作进展和最终的结果，让你在第一时间掌握最新的动态。与他们共事，就如同拥有一面明镜，可以随时掌握工作的进度和方向。

与事事有交代的人共事，你可以更好地掌握工作进度，能及时根据不同的情况调整工作计划，保证工作顺利进行和最终完成。他们不仅提供信息，还倾听你的意见和想法，帮助你更好地理解整个工作的全貌。

不说空话的人

不可否认，职场上充斥着一批夸夸其谈的人。他们发言时，看似说了一堆貌似有理的好听话，但仔细回味，却会发现他们的言语空洞无物，实际上啥也没说。他们的言辞模棱两可，不具体，为自己留了可以回旋的余地，然而这种空洞的言辞对于他人来说，是极不负责任和不靠谱的。

比如，当你对同事说："这个测试报告明天给我，我要交上去。"如果同事回答："我尽量。"你是否会感到心头的不安？如果同事的回答是："我下午去实验室拿数据，如果数据都顺利出来，我晚上加个班，应该没问题。如果实验室数据有延误，我会立即告诉你。"你是不是会感到更加踏实和放心？

真正可靠的人不会以空话来敷衍了事，他们会提供具体的方案和计划。与这样的人共事，你会感到安心，可以做出更有效的判断和预期。他们注重细节，有着严谨的工作态度，对每一个任务都会制订出详细的执行计划。

比如，当他们接手一项任务时，他们会先进行深入地分析和研究，了解任务的背景和要求，然后制订出切实可行的计划。他们会明确任务的开始和结束时间，设定清晰的目标和标准，以及预想可能出现的困难和应对措施。

这样的人不仅言之有物，而且言行一致。他们会在工作中展现出专业的素养和严谨的态度，使你感到安心和放心。与他们共事，你会感到自己的任务被认真对待，每一个细节都会得到妥善处理。

总的来说，一个可靠的人应该是一个言之有物、注重细节、有具体计划和行动方案的人。他们不仅会让工作更加高效和顺利地完成，也会在与他们共事的过程中让你感到安心和放心。

有原则的人

职场是个充满了利益交织的世界，当利益如同磁石般吸引着人们向前，一切皆有可能。我们无法遏制他人的私欲，有时候，我们只能依赖于他人的原则和道德底线，来寻求一丝稳定和安全。

原则，它是个人内心的指南针，照亮了前行的道路，它代表了一个人的底线。那些坚守原则的人，他们的底线如同山岳般坚定，不会因为环境的巨变或者利益的诱惑而动摇。

与这样的人合作，如同有了坚实的锚，我们可以预见到最糟糕的可能，从而提前做好应对。

08

合作前，先确定对方是不是"蠢货"

给大家讲一个寓言故事。在遥远的古代，有一片广袤的森林，那里居住着各种各样的动物。一天，森林的霸主——狮子，在散步时遭遇了一条疯狗。看到这条疯狗，狮子立刻紧张地躲闪开来。

小狮子看着父亲的举动，疑惑地问道："爸爸，你总是勇敢地面对老虎的挑战，却为何要躲避这条疯狗呢？"

狮子沉重地叹了口气，回答道："孩子，你还不明白吗？打败一条疯狗并不能给我们带来荣耀，反而会让我们陷入危险之中。"

小狮子困惑地摇了摇头，无法理解父亲的担忧。

狮子继续说道："一旦被疯狗咬伤，那将是倒了大霉。所以，我们为什么要去招惹这条疯狗呢？"

这个寓言故事传达了一个深刻的道理：宁可与明白人产生争执，也不要与愚昧的人进行交流。因为愚人往往无法理解事情的复杂性，他们盲目、冲动、易怒，更容易对别人造成伤害。

在这个世界上，坏人总是可以被识别和警惕，但愚人却很难被发现，他们可能无意中伤害别人，而自己却浑然不知。

所以，远离蠢货是唯一的解决之道。

否则就会同流合污，被蠢货同化，做蠢事。

别幻想和蠢货的和平相处

大多数人愿意参与讨论，因为明智的人深知讨论有其边界，也许他们对某些事物的认识尚有欠缺，对待陌生人应保持谦逊，对弱者应有怜悯之情。他们懂得共情的力量，也理解每个人都是复杂的，非黑即白的简单逻辑只存在于童话故事里。他们尊重他人，敬畏那些使人成为真正的人的理念和价值观，他们知道说"对不起"的重要性。

然而，蠢货却不同。法国学者约翰－弗朗斯瓦·马里昂在《愚蠢心理学》的开篇，就精准地概括了蠢货的一大特点："他们行事坚定不移，义无反顾。某些人还极富正义感，总是轻易地用这股凛然正气碾压你。蠢人用铭刻在大理石上的金玉良言作为坚贞的信仰，殊不知他的任何知识都是像沙子一样堆积起来的。怀疑使人疯狂，但轻信使人愚蠢，我们必须选对阵营。蠢人貌似任何事都知道得比你多，包括知道你的所思所想、亲手做的事、选举的投票。他看起来比你更懂你是谁、什么对你来说是好的。"

明智的人并不急于崭露头角，他们更注重深思熟虑和理性判断。然而，蠢货却热衷于急切地发表自己的观点，他们往往对你的知识和见解不屑一顾，甚至会试图打断你的发言。如果你曾经在网络上与人进行过深入的讨论，这段话肯定会令你深有感触。

对于蠢货来说，你学过什么、是不是某个领域的专家并不重要。他们自认为了解你的想法，知道对你来说什么才是最好的。他们的盲目自信和浅薄认知成了他们行为的指南。

你唯一应该承认的，就是火箭燃料确实应该考虑水洗煤的成分，因为它好烧。

这也许也从另一个角度解释了为什么感觉蠢货越来越多，因为绝大多数的正常人既没有那么倔强能忍受蠢货的冲击，也不可能接受被同化成蠢货，他们唯一能选择的就是闭嘴，然后默默离开。

所以一个又一个曾经带给我们那么多美好存在的人，纷纷退网。

这就是和蠢货和平相处的代价。

当你不可避免地与蠢货打交道

任何面对蠢货的沉默、不与蠢货一般见识，或者索性躲着蠢货的行为，都不会让你在这个充满蠢货的世界里更加安全，相反，可能会让蠢货们更加肆无忌惮。

对于一个普通人来说，蠢货们最可怕的地方也许是：你根本不知道他们下限有多低，你看不清他们说出的那些话，到底是因为蠢，还是因为心底里浓浓的坏，你很容易被他们愚蠢的话术绕进去，也很容易被这些乌合之众的气势所压倒。

与蠢货纠缠，实则是对自己生命的一种不负责任。你必须明白，与那些人交往，往往会降低我们的智商，除了平添烦恼，他们不会给我们带来任何益处。因此，在我的人生词典里，遇到这类蠢货，我的态度只有三个字，那就是——杀无赦！

然而，若你无意中已被蠢货缠身，那又该如何是好呢？

对此，我只能轻叹一声，别无他法。生活中总会有一些不可避免的困扰，比如那些如苍蝇般的蠢货。我们无法改变他们，但我们可以选择如何应对。与其埋怨，不如坦然面对，以一种理性的态度去处理。

或者，你无法避开这些蠢货，该如何是好呢？

这种情况确实让人头疼。因为这些蠢货可能正是我们的家人、爱人、邻居、老友，甚至是同事或同学。他们无处不在，我们无法避开，有时甚至需要主动面对。

对此，我的经验是三个字：演、假、骗。

如何与蠢货打交道

关于这三点，古今中外那些人，尤其是那些枭雄用得非常好。

比如陈胜吴广，大泽乡起义，鱼肚藏书用以表明他们乃是天命所归。到了半夜，吴广又偷偷点起一堆篝火，装作狐狸叫，还大喊着"大楚兴，陈胜王"。

《三国演义》全篇几乎都在告诉我们怎么和蠢货打交道。

其实我不是在教大家学坏，日常生活中咱们不可能恶意地去做这个事情，用一些善意的谎言、善意的话术、善意的手段，将他们这个事往好的方向引导，于人于己都有好处。

"演"就是演绎，我们可以将他们视为一种角色，以一种看戏的心态去面对他们的愚蠢行为。这不仅能帮助我们缓解情绪，还能让我们以一种更客观的态度去看待问题。

"假"就是假装，我们可以假装自己并未被他们的行为所影响，以一种理性的态度去应对。这样不仅可以避免冲突升级，也能让我们保持冷静。

"骗"就是自我欺骗，我们告诉自己，他们的行为并没有那么重要，我们不必太过在意。这种自我欺骗虽然有些苦涩，但可以帮助我们在面对这类问题时，保持一种积极的心态。

当然，这三种方法都需要我们掌握一定的技巧和度。过度使用可能会导致我们陷入虚伪和逃避的状态，但合理运用却可以帮助我们在面对生活中的这些无奈时，保持一种相对理性和平静的态度。另外，我们需要不断提醒自己：我们不能改变别人，但我们可以改变自己。通过提升自己的心态和认知，我们可以更好地应对周围那些愚蠢的行为，让自己不受其影响。

所以，无论是在面对这种无奈的情况时，还是在对付那些令人不快的蠢货时，我们都可以通过这些方法来调整自己的心态。当我们学会用一种平和而理性的态度去看待这些问题时，我们也许会发现，那些曾经让我们感到困扰的愚蠢行为，其实并没有那么难以应对。

记住，我们的生活是属于我们自己的。我们不能让那些无关紧要的人和事来左右我们的情绪和态度。我们需要学会保护自己，保持内心的平静和坚韧。无论何时何地，无论面对何种困境和愚蠢行为，我们都要告诉自己：一切都会过去，明天会更好。

09

没有任何一份工作，值得你用健康和尊严去交换

每个刚踏入职场的年轻人都怀揣着激情和梦想，渴望通过自己的努力和奋斗，打造出一片属于自己的天地。他们对老员工言听计从，对领导安排的每一项工作都全力以赴，甚至在父母的谆谆教诲中，也听到了"少说话多做事"的叮咛。

然而，这种看似勤奋踏实的做法，真的正确吗？

新入职的员工往往没有具体的工作安排，同时又初出校园，对社会的复杂性和严峻性缺乏足够的认识。他们在职场上往往感到无所适从，仿佛是一只小鹿，闯入了陌生的森林。

这种学习的心态并没有错，但是，职场并非校园，前辈们也不是老师。在大多数情况下，那些抱着学生心态的新员工，很容

易成为"职场便利贴"，被别人随意地使唤和利用。

别当老好人

我有个朋友，当她刚步入职业生涯时，心中充满了忐忑与敬畏。犹如一只初生的小鸟，对于这个新的世界既充满了好奇，又充满了畏惧。

在这陌生的体制大森林中，她时刻牢记着家人的叮咛："少说话，多做事。"他们警告这个新人，要与同事们和谐共事，多做事。甚至在年假期间，他们也严肃地叮嘱她，不要因为单位的繁忙而请假。

我这位年轻的朋友战战兢兢地向四周的每一位同事投以友善的微笑，犹如一只小鹿在探寻未知的领域。由于尚未被分配具体的工作任务，她时刻关注着是否有需要帮忙的地方，心甘情愿地扮演着一个初来乍到的打杂工的角色。

某天中午，她路过另一个部门办公室时，一位老同事突然叫住了她，邀请她帮忙录入资料。虽然她们分属于不同的部门，但都是同一个单位的大家庭，于是我朋友毫不犹豫地答应了他的请求。

然而，当她坐在电脑前，开始面对那一堆繁杂的资料时，那位老同事却悠闲地坐在一旁，品着茶，抠着脚，偶尔和她闲聊两句，享受着午后的惬意。

当朋友回到办公室，主任疑惑地询问她为何长时间不在，朋友如实地向他解释了一切。他笑了笑，没有说话。然而，下午的时候，他却当着那位老同事的面，严肃地对他说："老陈，以后不要再让小 X 帮你做其他事情了。"

这一刻的她，尴尬至极，而那位老同事的脸色也变得非常难看。不过，从那以后，再也没有人随意使唤我朋友了。

刚参加工作的新人，往往都有些讨好型的心态，我们就像一只无头苍蝇，在这个新环境中乱撞。我们害怕与人结怨，所以总是试图讨好每一个人。我们觉得每一个人都可能是我们的导师，于是我们总是热衷于向他们学习。

然而，事实却告诉我们，"无头苍蝇"般的勤快和讨好并没有让我们获得更多的赞赏，相反，它让我们显得有些廉价和不被尊重。

勤快没有错，但要用对方向。你在哪个部门，直属领导是谁，以后具体的工作内容是什么，这些都是你要时刻牢记的事。以此为核心，在力所能及的范围内，给自己的领导打好下手留个好印象，比什么都来得实在，毕竟你的直属领导才是能直接影响你的人。

当然，其他部门的领导也很重要，也许他们不能直接拿你怎么样，但给你使个绊子、让你穿个小鞋还是没问题的。把别人都当回事，但别把自己太不当回事，这个尺度很微妙，需要自己把握。

职场不需要老好人，只需要聪明人，无论体制内外。

做个安静的宝藏员工

在心理学中，有一个名词叫作"期望管理"。以工作为例，如果你一开始就将自己的十八般武艺毫无保留地展露出来，领导就会对你抱有更高的期待，或者至少不会对你期待更低。你让别人对你的初始期望"阈值"抬得有多高，后面你就会有多么的骑虎难下。只要你的表现没有开始时好甚至更差，领导就会觉得你没有用心，工作态度有问题。

举个例子，由于小米打字的速度较快，通常别人完成 50 份台账时，他已经完成了 100 多份。制作台账是个既枯燥又费神的差事，别人通常是做一会儿就歇一会儿，不是去上厕所就是吃东西，有的甚至找地方小憩一会儿再继续。然而小米却像个木头人一样，傻乎乎地坐在电脑前，寸步不离。

然而，有一次小米因为身体不舒服，完成的工作量没有平时多。领导便旁敲侧击地在办公室问他，是否偷懒了。

那一刻，小米真是又气愤又寒心。那些工作完成得少的人，却从未被批评过，因为他们一直是那个样子；而那些工作完成得多的人，哪怕只有一次没有达到预期，也会被人说成是偷奸耍滑。

"能者多劳"，这个词语在某种程度上体现出了人性的贪婪和懒惰。很多时候我们的工作不会按照工作的繁重程度给予相应的报酬。抛开机龄和岗位津贴不谈，每个人的工资其实差不多，所以你不需要那么突出。当然，如果你的目标就是鞠躬尽瘁死而后已，那当我小人之心，但大部分人进体制，图的不过是一份安稳的工作，无愧于心就好。

《上海女子图鉴》里，Kate 明明精通 Excel，却从不在人前显露，海燕不理解，Kate 告诉她，如果让别人知道自己擅长 Excel，以后公司里谁都想把这类的活儿扔给自己，那自己就要累死了。

职场如此，体制内更是如此。在私企，你还可以以不是自己的工作为由拒绝，但在体制内，这份工作通常是要做一辈子的，如果拒绝，你很可能被扣上"无组织无纪律"的帽子，有口难言。因此，若非必要，安安静静地当一个"宝藏女（男）孩"就好。

如果你不追求仕途，完全不需要讨好任何人，君子之交即可；如果你有自己的追求，也希望你明白，厚积薄发才更长久。

遇到不对味的上司怎么办

总有一些领导者德不配位，他们的公报私仇与恶意排挤他人的行为，无疑是在职场中埋下了一颗颗不定时炸弹。我曾经亲眼见过一个典型的"极品"，他在工作中把所有的压力都压在了一个名叫小杨的女生身上。

　　小杨的工作量已经超过了她的负荷，她的办公桌上堆满了文件，电脑屏幕上的邮件像雪片一样飞来，可是她从未抱怨，只是默默地埋头苦干。然而，"极品"却视而不见，他选择把所有的工作都推到小杨身上，自己却悠然自得地享受着工作的轻松。

　　当小杨终于鼓起勇气向"极品"提出意见，希望能够减轻一些工作负担时，"极品"的拖延和搪塞让她如鲠在喉。她的提议被无情地驳回，而她自己，也因此陷入了更加艰难的境地。

　　在绝望中，小杨选择了向上一级领导反映情况。然而，"极品"却因此对她产生了深深的敌意。从那时起，他对小杨的态度发生了 180 度的转变，他开始处处为难小杨，甚至联合其他人对她进行孤立。

　　职场上的钩心斗角本已让人心寒，而"极品"的行为更是让小杨陷入了无尽的痛苦。她开始被同事孤立，甚至被迫在办公室承受指桑骂槐的侮辱和谩骂。

　　还好老天有眼，女生没多久也升职了，被调到其他部门。那个"极品"最后被撤职，又做回普通员工，听说年底民意调查的时候，整个部门没一个说她好话的。

　　想想也难怪，很多人一当官，就觉得自己与众不同，在上级面前卑躬屈膝，在下级面前作威作福。殊不知，别人尊敬的只是你的头衔，若没了那头衔，平时又没留下好形象，一出问题就会墙倒众人推。

那个曾被"极品"欺负的女生，即使过了很久，提起她来依然咬牙切齿，那段被排挤被孤立的时光，是她人生中最黑暗的时候。

她曾说，如果不是后来被调走，自己一定会疯在那里。

但我想告诉她，被欺负时，隐忍不是唯一的办法。那女生心思单纯，被工作压得喘不过气找上级领导反映，结果得罪了"极品"，被穿小鞋。之后因怕"极品"变本加厉，也不敢把被排挤的事告诉上级领导，便被人当成软柿子随便捏。

其实，已经到了那个地步，何必再畏首畏尾。退也被欺，进也被欺，不如放手一搏。领导能帮忙主持公道最好，如果不能，绝对不要害怕当面冲突。有时候，恶人就是弹簧，你弱他就强，你强他就弱。

你会发现，每个单位都有一个所谓的"刺儿头"，无人敢惹，连领导也要礼让三分。

他们未必有多么高深莫测的背景，不过是不怕事而已。但是，不到万不得已，还是尽量不要当"刺儿头"，毕竟杀敌一千自损八百。

我们不害人，但也不能被人害。你要善良，也要有锋芒。逃避解决不了问题，忍气吞声也绝非良策，没有任何一份工作值得你用自己的尊严和快乐去交换。

4.

职场的情，
不是情感，
是情理

01

你可以生气，但不要越想越生气

你曾经被别人指责为"情绪化"吗？这个词儿就像一把尖锐的匕首，直指你的内心，让你不禁怀疑自己：我真的如此情绪化吗？

在人生的漫长舞台上，我们每个人都是演员，扮演着不同的角色；然而，当我们在扮演角色时，往往会遇到一些人用"情绪化"这样的评价来定义我们。

这个评价不仅会让我们感到困惑，也会让我们在内心深处产生痛苦；因为，"情绪化"这个词，就像一个标签，让我们感觉自己不够理性，人格成熟度低，无法控制自己的情绪。

然而，事实并非如此。

情绪，是我们人类体验世界的方式之一，是我们内心最真实的表达。我们每个人都有权利表达自己的情绪，无论是在快乐的时候，还是在痛苦的时候。

情绪是无辜的，它是一种工具。它的存在其实是为了保护我们，如果使用方法不当，被情绪所奴役，就会变成伤害自己的工具。

你的情绪正在保护你

有人说，人身上最无用的东西就是情绪。它们如云彩般变幻无常，带来无尽的困扰和内耗，让我们在喜怒哀乐中迷失自我，深陷于仇恨、嫉妒、贪婪和敏感的旋涡中。情绪似乎成了我们生活中的负担，除了制造混乱和消耗精力之外，似乎别无他用。

然而，如果深入思考，这种观点并不完全正确。情绪，就像世界上的四季更迭，既有温暖明媚的春天，也有冷峻严寒的冬天。它们是我们生命中不可或缺的一部分，是我们体验和理解世界的重要途径。

想象一下，如果我们的世界没有情绪，那将会是什么样子？我们的生活可能会变得冷酷而机械，缺乏情感的温度和人生的色彩。没有情绪，我们如何感知世界的美丽和丑陋？如何理解他人的痛苦和快乐？如何珍视友谊、爱情和家庭的温暖？

在这个快节奏的世界里，我们每个人都是一部复杂的机器，而我们的情绪则是这部机器的驱动力。无论是欢笑、悲伤、愤怒还是恐惧，每一种情绪都有其独特的力量，它们在我们的生活中扮演着至关重要的角色。然而，情绪的意义远不止于此。无论是正面情绪还是负面情绪，它们都是为了保护我们的生命而进化出来的。

当我们身体受到伤害时，我们会感到疼痛，"疼"是身体发出的信号，警告我们受伤了，我们就必须采取行动，或者逃跑或者反抗。这种疼痛是身体的一种保护机制，它防止我们的伤口进一步恶化，保护我们的生命安全。然而，除了身体上的伤害，我们也会遭受精神上的创伤。这时，我们的情绪就会像身体的疼痛一样，发出信号来保护我们。

当我们的心灵受到伤害时，我们会感受到不同的情绪，这些情绪可能是愤怒、悲伤、恐惧或者是其他。这些情绪就像是指引者，引导我们远离危险，避免再次受到伤害。例如，当我们感到恐惧时，我们可能会快速采取行动来保护自己，以免受到更大的威胁。同样地，当我们感到愤怒时，我们可能会采取行动来反抗那些对我们造成伤害的人或事。

这些情绪并非全然的坏事，它们是一种警醒，一种保护，一种深层的自我表达。

比如你常常焦虑，因为你追求完美，你的内心深处渴望得到最好的结果。然而，你也清楚，过度的焦虑只会使你的能力受到质疑，让你在追求完美的道路上步履蹒跚。你担忧着自己的能力不足，害怕无法达到自己的期望，这种恐惧如同一团迷雾，笼罩着你的心灵。

就在这时，愤怒出现了。它如同一团烈焰，燃烧在你的胸膛，带来一种独特的力量。这是自尊，这是自重，它源于你对自身权益的维护。当你的切身利益和行为准备受到侵犯时，愤怒便会被激发，它会让你清晰地认识到自己的价值和权益。

你开始观察自己的愤怒，发现它不仅仅是一种情绪，更是一种力量。它让你自然而然地积蓄力量，准备应对即将到来的挑战。你会发现，当你在愤怒的状态下，你的行动会更加有力，你的决心会更加坚定。

然而，愤怒并不是你唯一的情绪。当看到同龄人拥有你想要的东西时，你会感到嫉妒。这是一种情绪的提醒，它告诉你自己真正想要什么，以及有多想要。通过嫉妒，你能够清晰地认知到自己的渴望，成为你前进的动力。

然后是悲伤，它的力量和快乐一样强大。悲伤中包含着疗愈和安慰的力量。经历过悲伤，人才会真正懂得珍惜当下，接受失去。悲伤如同一位智者，它指引你面对生活中的困境，让你学会了坚韧和勇气。

所有的情绪都是一种提醒，它们揭示了你内心深处的需求和欲望。

因此，情绪是一种最好的自我保护。

但是，如果没有解决情绪背后的困境，任由情绪发酵，演变成情绪化的思考，越想越气、越想越委屈，就会变成一种"防卫过当"。

重视情绪背后的原因

大家可以先看看这个例子。有个上司给下属分配了一件繁重的工作，可是这个下属却根本没有执行。他简单地交代了一下任务，然后就下班回家了，留下上司一个人承受着怒火的煎熬。

刚开始，上司的愤怒源自他的计划落空，他原本打算将这项工作交给下属完成，但现在却因为意外的发生，他不得不亲自操刀。这种愤怒就像一股熊熊燃烧的火焰，无法抑制。

接下来，上司开始对下属的行为进行深度反思。他可能会想："这个人，我交给他一项任务，他却不干，直接回家。他是不是根本不把我放在眼里？"

随着思绪的发散，他的愤怒情绪如同火焰一般燃烧起来，越来越强烈。他开始对下属的行为进行过度的解读，将原本简单的事情变得复杂化。

此时，周围的人可能会劝告他："你也不能把下属叫回来完成工作，生气也没用，还是消消气吧。"

然而，这些安慰的话语对他来说无济于事，甚至会进一步加剧他的愤怒。他可能会认为这是对他的轻视和不尊重。

此时，真正让他生气的已经不是"工作没干就回家"，而是"他没把我放在眼里"带来的愤怒和屈辱感，演变到这一步，他已经陷入情绪化思考的泥潭。

最终无非两种结果，一是上司火冒三丈地打电话给对方，把他批评一番；二是上司隐忍不发，强迫自己冷静下来，等到下次对方犯错时一起发作。

情绪，这一捉摸不透的人类内在，其表现形式并非只有"易怒"一种。事实上，压抑情绪同样是一种情绪化的表现，它的影响深远而微妙。

有的人，在面对生活中的种种矛盾和冲突时，虽然外表看似宁静淡泊，然而这只是他们假装的盔甲，实际上，内心的情绪波动犹如翻涌的江河，形成了一种无形的压力，这种压力悄然无声地侵蚀着他们的心灵。

然而，这种自我压抑并不是一种健康的应对方式。在内心深处，他们实际上正经历着一种困境。他们的情绪像被囚禁的鸟，渴望自由，却因为被束缚而无法飞翔。他们的内心充满了矛盾和挣扎，既想爆发又试图抑制。这种状态在一定程度上会对他们的身体和社交关系产生负面影响。

　　不论是易于被情绪所左右的人，还是能够克制自己情绪的人，如果无法与情绪和谐共处，那么他们就都成了情绪的奴隶。他们被情绪牵制，无法自主。这就像是在一台机器中，虽然每个部分都在运转，但它们却没有形成一个整体。

如何避免情绪化

一是掌控自己的身体状态。

　　在酒精的魔力下，那些平日里温文尔雅之辈往往会变得情绪失控，犹如野兽般狂躁不安。他们的自控力如同薄冰般在疯狂的欲望中瓦解，理智与情绪的平衡被酒精的魔力无情地打破。

　　疲劳，这个无形的蚕食者，同样会侵袭人们的内心，使人心神不宁。辛苦工作之后，当身体的能量被榨干，思绪如同泛滥的洪水般涌上心头，焦虑和不安如同顽固的阴影，紧紧跟随着疲惫不堪的人们。然而，当一觉醒来，沐浴在新的一天的曙光中，他们会突然发现一切忧虑都化为无形，心情也随之豁然开朗。

　　情绪的波动有时也可能源自荷尔蒙的不平衡。有些女性在生理期前会感到心情烦躁，甚至患上"经前焦虑症"。她们的内心如同暴风雨中的小船，摇摆不定，情绪的微妙变化让她们陷入深深的困扰之中。

知道自己在某种身体状况下，会容易情绪激动，就可以避免情绪引发的无谓争端。

二是转换视角看问题。

在繁忙的地铁车厢里，被人踩了一脚。踩你的人若无其事，眼中没有一丝愧疚，甚至没有一丝道歉的表示。这一刻，一股无名之火在每一个被踩踏的乘客心中燃烧起来，其中就有我。

我站在那里，心中的怒火在胸口翻滚。我感到自己被忽视，被当作这个世界的透明人。我的思绪在脑海中翻涌，情绪在我心中沸腾。我试图冷静下来，但每当我尝试深呼吸，我就会想起那双没有道歉的眼睛。

这个人的态度让我感到愤怒，也让我开始反思。是他的错，还是我的错？为什么我会因为他的行为而如此生气？我开始尝试从不同的角度看待这个事件。也许他并不是无礼，只是粗心大意。也许他并不是故意踩我的脚，只是因为他的心思在其他地方。我开始尝试理解他，理解他的忙碌和压力。

我意识到，我不能让这个人的行为影响我的情绪。我不能让他无礼的行为毁掉我的一天。我要学会放下，学会宽容。我不能让这个人的行为定义我，我不能让他影响我对这个世界的看法。

我深深地吸了一口气，试图冷静下来，学习如何控制自己的情绪，如何理解他人的行为，如何以更积极的态度面对生活的困难。

这个时候我再回过头，看到了那个踩我脚的人。他的眼睛还是那么毫不在意。但我没有再感到愤怒，我没有再认为他是无礼的。相反，我看到了一个需要理解和关怀的人。他的压力和忙碌可能让我无法想象，他的生活可能充满了各种挑战。或许他因为工作的不顺或者生活的困扰而疲惫不堪，无暇顾及他人的感受。

所以每次发火的时候，要养成转换视角的习惯，"虽然我的脚被踩得很疼，但是他道不道歉是他的事"，而不是陷入"为什么总是我"之类的"受害者心态"。

三是通过写的方式提升自我肯定程度。

生气也好，烦闷也罢，只要某种情绪产生，就把它写在笔记本上。

比如在昂贵的餐厅里吃到了难吃的食物，也没办法以食物质量来要求退款，只能失望而归。在笔记本上如实写下自己的情绪：满怀期待的大餐，口味奇怪，很失望。店员服务态度不好，很窝火。

接下来，设想最好的朋友会怎么安慰你。

"哪家店？赶快拉入黑名单。下次我带你去一家更好的店，保证你会惊喜。"

记录情绪、模仿好友安慰自己，自我肯定的程度会越来越高，就会有越来越少的事能让你情绪化。

四是放下"应该"，为"希望"而生活。

"应该"思维是会让人变得"情绪化"的思维方式之一。

"应该做这件事""事情应该是那个样子",如果陷入这种"应该"思维,就会把"所有人都应该这样,但他却没有做到"之类的个人"正确"强加于他人。

不为"应该"生活,生活会舒服许多。我们的行为准则不是"应该",而是自己所希望的样子。不乱丢垃圾、不随意插队,不是因为"应该"如此,而是"希望"拥有互相尊重、友爱的环境,这就是从应该到希望的转变。

五是远离让人情绪化的现场。

在情绪即将爆发的时候,保持物理距离是最保险的手段。

和男朋友吵架,越吵越生气,吵到要分手。"要分手"是一个巨大的打击,彼此都在情绪激动、无法自控的状态下,这个打击会显得更加猛烈。

与其琢磨"真的严重到要分手吗",不如从现场离开,冷静下来再考虑如何处理两个人的关系。"情绪激动"时作的决定,大多会追悔莫及。

02

职场遭遇情场，如何赢得人生全场

朝夕相处的同事，如同在生活舞台上共同演绎着一出出的剧情。网络小说中的"霸道总裁和小职员"的恋爱故事，不过是一种虚构的浪漫幻想。然而，办公室恋情，这种真实存在的现象，却是无法忽视的。从"禁止同部门恋爱或跟 HR 恋爱""禁止同部门员工恋爱"，到"不禁止""支持内部恋情"，不同企业对于办公室恋情的态度，各不相同。

美国人力资源管理协会与《华尔街日报》曾进行过一次关于办公室恋情的调查，结果令人瞩目。40% 的受访者坦诚地表示，他们在职业生涯的某个阶段曾经历过办公室恋情，这并非是因为他们工作不饱和，也并不是因为他们心智不成熟，而是因为办公室的特殊环境，让爱情种子在其中得以茁壮成长。

为什么职场更容易发生爱情

想象一下，我们在办公室里共享着时间的沙漏，每一刻的流逝都像是精心编织的旋律。我们在工作的间隙中相互交流，分享彼此的心情和生活琐事，这样的交流让人们心与心之间的距离逐渐缩短，仿佛我们已经不再是同事，而是彼此生活中不可或缺的一部分。

在办公室中，我们共同面对着工作的挑战，一起解决问题，分享成功的喜悦。这种并肩作战的感觉，让人自然而然地产生了一种互相依赖的情感。我们的喜好、习惯，甚至笑容都在日常的相处中逐渐融合，这样的情感让人难以割舍。

相关数据显示，有对象的年轻人，60%以上是从"同事、同学、朋友"中找到的；而近六成职场人对同事产生过悸动情愫，其中男性心动比例接近60%，女性略低于男性，也有半数人曾芳心暗许。时下，办公室恋情似乎越来越受到青睐。归其原因，男女双方同处一个单位甚至同一个办公室，每天都有大量时间在一起交流，生活节奏大体同步，也更容易理解工作生活上的问题和难处。正如有人说：与同事朝夕相处的时间可能比家人更长，那么同事何尝不能逐渐过渡为家人呢？

一个不争的事实，我们更容易对靠近我们的人产生好感，建立亲密关系。

有人做过这样一个实验，270位互不相识的人被无差别地投入一栋公寓大楼中。他们的命运，就像一颗颗独立的行星，在这座公寓的星际里，开始了新的运行轨迹。

然后，他们被赋予了一个任务，去寻找在这座公寓中，与他们最亲近的三个同伴。结果出乎所有人的预料，41%的人，都选择了邻居作为他们的首选。那隔壁的住户，就像是一种无形的纽带，将他们的生活紧密相连。

而那些住在同一层走廊尽头的两个人，如1号房和5号房，他们成为朋友的概率却不足门挨门邻居的四分之一。更令人惊讶的是，如果他们不住在同一层，或者不在同一栋公寓楼内，那么他们成为朋友的概率更是会进一步降低。

这不免让人回想起生活中的一幕幕，无论是学校的课桌，还是办公室的工位，那些紧挨着的人，往往更容易成为朋友，甚至恋人。这一现象，就像是一首深情的诗篇，诠释着距离与熟悉度如何影响着人们的情感纽带。

社会心理学领域的研究表明，当我们处于一个特定的社会环境中，那些与我们频繁接触的人，往往更容易赢得我们的好感。无论是在公寓楼里，还是在办公室中，我们都在不经意间，与那些与我们距离更近、更为熟悉的人，产生了深厚的情感连接。

正确认识办公室恋情的优点和缺点

在忙碌的职场中，一段办公室恋情似乎是自然而然的事情。职场人士们每天花费大量的时间在一起，他们熟知彼此的工作日常，分享着共同的工作目标。因此，不难理解为什么职场会成为爱情的温床。

首先，办公室恋情的优点在于：它极易开始。由于职场中的男女每天相处的时间长达数小时，他们之间的互动更加频繁，也更易于发现彼此的优点。共同的职业背景成为他们相互了解的桥梁，使他们更容易产生共鸣。

然而，办公室恋情的缺点也不容忽视。在一个共同的职业环境中，个人事务的问题可能会对他人产生不利的影响。例如，当一段恋情破裂时，不仅会引发当事人的情感困扰，还可能影响到他们的工作表现，甚至对整个团队产生负面影响。

因此，职场人士必须意识到办公室恋情所带来的潜在风险，并果断采取措施来减轻这些风险。例如，保持适当的职业操守，避免将个人情感与工作混淆；同时，学会处理情感纠纷，以避免对工作产生不利影响。

不要过早公开你们的爱情

对于这类恋情，我倾向于采取"阶段式"的处理方式，从隐秘到公开，不论对恋情当事人或公司，都是利多于弊。

爱情，这一人类情感之花，它的绽放原本是两人间的私密事，与工作并无直接关联。然而，当爱情之花在办公室这个特殊环境中绽放时，它的公开却成了一个需要深思熟虑的问题。过于急躁地公开恋情，并不会使别人对你的工作能力另眼相看；反而可能会引发一些始料未及的后果。比如，办公室的流言蜚语，那些看似友善却暗藏敌意的人们的冷嘲热讽，甚至有可能将一对好鸳鸯拆散。

再者，对于那些尚未成熟的办公室恋情，过早地公开可能会对女方造成不公平的压力。毕竟，在这个男权社会，男方往往可以若无其事地忽视外界的风言风语，而女方却不得不承受更多的审视和议论。如果恋情最终不成功，那么男方还可以选择置之不理，而女方则需要面对更多的痛苦和困扰。

因此，对于办公室恋情的处理，我们需要采取一种更为成熟和审慎的态度。我们可以从隐秘的阶段开始，让感情在两人间慢慢生长，待到时机成熟，再逐步向公众公开。

做好分内事，分外情才会被祝福

在这个充满严肃气息的办公室里，每一名员工都如同齿轮般精密地运转，以维持整个机构的正常运转。这里并非恋爱的浪漫天堂，而是一座矗立在现实与理想之间的堡垒。办公室恋情的当事人，需要谨记这个原则，以免引发不必要的风波。

当你们的恋情被老板或主管知晓，他们会从两个角度进行思考：一方面，他们可能会认为这是青春洋溢的活力，是工作之余的乐趣，他们会乐观其成，视你们为办公室的一道独特风景线；然而另一方面，他们可能会忧虑你们是否能够平衡恋爱与工作的关系，担心你们的甜蜜恋情会影响工作效率，甚至质疑你们的职业素养。

就如同电脑公司的业务员小康，他在年终奖金减半后，满心愤懑。他的业绩虽然受到行业不景气的影响，但他的失误却被公开猛追一位女同事的事实所掩盖。当老板询问他是否认真工作时，他只能沉默以对，承受这个意外的惩罚。

在办公室，恋爱的气息就像一把双刃剑，既有可能为你带来好运，也有可能成为你事业上的绊脚石。因此，办公室恋情的当事人需要像行走在钢丝上一样，小心翼翼地平衡恋爱与工作的关系，让恋爱的芬芳成为工作的催化剂，而非阻碍。这是一个既需要智慧，也需要技巧的挑战，只有通过这样的挑战，才能在这个严肃的场所中，找到属于自己的幸福。

感情别跟工作混为一体

在这个狭小的空间里，一男一女两个人能够建立某种亲善的关系，往往充满了戏剧的色彩。有时候，这种关系会让人会心一笑，有时候又会让人感到无奈和困扰。

比如，薛小姐因为在办公室中遭遇男友的背叛而想要辞职。然而，当她看到张曼玉的情书被男友公开后仍然勇于面对大众的报道时，她突然意识到，因为一段失败的恋情而放弃自己的事业前途，只能说明她还不够成熟，面对问题，逃避并不是解决之道。

而另一位职场女性于小姐，她在经历了办公室恋情的无望后，曾经感到灰心和难过。但是，她很快从工作中找到了自信。她承认，最难的是在办公室面对他时，她需要强迫自己调整回"同事"的心态。然而，她发现，接受难度较高的工作，让自己更加专注于工作，反而成为一种感情的康复之道。

然而，这种非理性的办公室恋情并不是我们可以轻易探讨的问题。在工作中，我们需要保持专业和理性，但是人们对于男女同事之间的秘闻却总是津津乐道。这或许是因为在那个封闭而又压抑的办公室空间里，人们对于隐私和情感的渴望往往被压抑住了。

许多聪明的白领女性会发现办公室里的性并不是儿戏，一个女人往往要比男人从暧昧关系中丧失更多的东西。比如，男上司在公司里有着稳固的地位，就算是出了什么事情，也会有保护的屏障，很少有公司会由于生活上的不检点而解雇一位资深的高级职员。

而女职员位置却似乎没有这么安稳，这种同事间的暧昧关系往往使她丢了饭碗。就算她获得了公司的提拔，也少不了遭受人们的流言蜚语，说她的升职是一路睡上去的。

假如职业女性不想遭受男人的性进攻，为什么她们不避而远之呢？事实上，她们未能辨认出进攻性的行为，往往不能一眼识破。什么样的眨眼才会被认为是暗送秋波而不算是漫不经心的呢？男人邀请你去吃饭是不是安全呢？

有的时候，她们识破了男人的意图，但是却不知该如何应付。还有就是，有时女人认为自己是在向男人表现友好的行为，男人却把这种行为看作"我愿意"的方式。许多女人从小所受到的教育就使她们懂得了如何行事方能赢得男人的称赞，但是她们的这些行为却被有些男人理解为性信号。假如一个男人根据在他认为是绿灯的信号采取行动而被女人拒绝的话，肯定会火冒三丈，他会认为他有权报复。

随着愈来愈多的女性加入职业大军，两性都有必要使他们的信号清晰无误。就算是在最有利的情况下，办公室里的浪漫史也往往错综复杂，往往是痛苦的——在许多情况下是得不偿失的。

但是假如有些事情你能做得理智一些，那么你的处境也不会很糟。

03

"我不会"应该怎么说？

在普通人和高手之间，存在着一些至关重要的差别。我一直探索着这些差别究竟体现在何处？

在面对挑战时，高手们常常以"我不会""我不懂""我不了解"的坦诚态度来应对。他们首先承认自己的不足，再以此为起点，勇往直前，不断探索和突破自我。

在人生中的关键时刻，这种坦诚的态度往往成为走向成功的敲门砖。它让我们敢于面对自己的缺陷，从而有动力去填补那些未知的空白，拓宽自己的视野，提高自己的技能。

承认自己的盲区

有一位智者，他的名字叫作沈华。他以无比的执着和热情，探寻着知识的奥秘，渴望从中汲取智慧的甘泉。一日，沈华怀揣着满心的期待，踏上了去往禅宗大寺——云林寺的旅程。他渴望在这座古朴的寺庙中，找到那位传说中的老禅师，从他那里领悟到更多的智慧。

当他终于来到云林寺，老禅师亲自为他沏了一杯茶。那茶香清幽，令人心旷神怡。然而，当沈华看到老禅师不停地往杯子里倒水时，他有些惊讶。他忍不住问道："大师，这杯子已经满了，为什么还要往里倒呢？"

老禅师微微一笑，深邃的眼神中闪烁着智慧的光芒："是啊，既然已经满了，为何还倒呢？这茶水就如同你的学识，如果心中已满，便无法再吸收新的智慧。"

沈华恍然大悟，他明白了老禅师的深意：在这个世界上，没有人是完美的，每个人都有自己的不足之处。若想不断成长，就必须时刻保持空杯心态，勇于承认自己的不足，并愿意接纳更多的知识和智慧。

"不会"不丢人

在某次答疑中，一位听众提出了一个我无法回答的问题。我深吸一口气，然后回答道："很抱歉，这个问题我无法解答。"下播后，一位朋友同情地对我说："作为老师，你不应该说自己不懂。为什么你不能简单地应付过去呢？"

确实，我可以选择"应付过去"。但是，那样做无异于欺骗。孔子曰："知之为知之，不知为不知，是知也。"这句话的深意我并未完全领悟，但我也愿意将这句话原封不动地复述给我的学生。

我的朋友是出于善意，觉得我的回答"不懂"是丢人的。然而，我认为，"不懂装懂"才是真正的丢人。

试想，如果一个人自诩无所不知，但实际上却一知半解，这种虚伪和肤浅的态度难道不更令人失望吗？我宁愿坦诚地表达自己的困惑，也不愿以不诚实的方式来维护自己的形象。

我们常常害怕被人指责为"你不懂"，尤其是自己也害怕自己"不懂"。因此，我们即使只了解一星半点，也要装出"懂"的样子，即"不懂装懂"。然而，这种"懂"的面目其实既难看又难受，因为它就像一个面具，僵硬地覆盖在我们的脸上，阻挡了我们享受灿烂阳光和呼吸新鲜空气的机会。

头脑中的知识有时只是用来装饰自己的门面，让我们显得与众不同；然而，这些与众不同的元素往往成为我们的障碍，我称之为"所知障"。

把我不会变成我可以学

面对自己的知识盲区，我们应该勇敢地迈出第一步，那就是大胆去探索、去学习，把每一句"我不会、我不懂"变成"我可以学"。

将"我不会、我不懂"变成"我可以学"需要以下几个步骤。

1. 接受自己的不足：首先要接受自己的不足，认识到自己不懂或者不会的地方，并且愿意去学习和提高自己。

2. 保持好奇心：保持好奇心，探索自己不懂或者不会的地方，寻找答案和学习的机会。可以通过问问题、查阅资料、参加培训等方式来获取知识和技能。

3. 制订学习计划：根据自己的情况和目标，制订学习计划，包括学习的内容、时间安排和具体方法等。可以将学习计划写下来或者设置提醒，以便能够坚持执行。

4. 积极寻找资源：积极寻找学习资源，包括书籍、网络课程、培训课程、导师等。可以通过向他人请教、搜索网络或者参加相关活动等方式来获取学习资源。

5. 勇于尝试和实践：在学习过程中，勇于尝试和实践，通过实际操作和运用来加深理解和掌握技能。同时也要勇于接受失败和错误，并从中吸取教训，不断调整和改进自己的学习方法和思路。

6. 持续学习和提高：将学习作为一项长期的任务，不断持续学习和提高自己的能力。要保持学习的热情和动力，并坚持不懈地努力，不断提升自己的综合素质和能力水平。

总之，将"我不会、我不懂"变成"我可以学"需要接受自己的不足、保持好奇心、制订学习计划、积极寻找资源、勇于尝试和实践、持续学习和提高等多种因素综合考虑，从而不断提高自己的学习能力和综合素质。

04

遇到职场性骚扰，怎么办？

我曾收到过这样一封私信。一位名叫小宁的年轻职场新人，正面临着一项艰难的挑战。她初入职场不久，就遭遇了上司的性骚扰。这个上司不时地评论她的身材长相，利用他的地位来要求她喝酒，甚至邀请她晚上去看电影。每一次，小宁都坚定地拒绝了，但这个上司却批评她不懂得职场规矩。

小宁深感困惑和无助，她不知道该如何在保住工作的同时，让上司明白他的行为是不可接受的。她曾多次考虑辞职，但又不愿意让父母为她担心。

小宁的经历并非个案。许多女性都遭遇过类似的职场性骚扰问题。根据有关调查报告显示，九成以上的受害者都是女性，而大多数女性受害者会选择沉默或隐忍，敢怒不敢言。

是什么让她们保持沉默？

你一定也遇到过类似的情形，比如异性同事经常发来暧昧短信？应酬时有人讲起黄色笑话？办公室里同事语言挑逗发出性暗示？上司暗示有获得职场晋升机会的"潜规则"？

面对职场性骚扰，女性往往选择沉默或隐忍，这一现象背后有着复杂的原因。

首先，性骚扰往往发生在工作场所，而女性员工为了保住工作或者避免影响自己的职业发展，往往会选择保持沉默。她们害怕向领导或上级汇报骚扰情况后，会招致更多的骚扰或报复，同时也担心会影响自己的工作表现和声誉。

其次，当女性员工遭遇性骚扰时，她们的亲朋好友也可能会对她们的遭遇不理解或者认为是她们自己的错。这种不理解和误解会让女性员工感到更加孤独和无助，也使得她们不愿意将自己的经历告诉他人。

此外，当女性员工向有关部门或专业机构寻求帮助时，她们可能没有得到及时有效的帮助。这可能是因为相关的政策和法规不够完善，或者是因为机构和组织缺乏足够的资源和能力来处理性骚扰问题。

警惕隐形的骚扰

对于刚走出象牙塔踏入职场的年轻人来说，上位者利用职权向下属施加职场性骚扰，已成为难以启齿的经历。由于社会经验不足，他们难以分辨关心、暧昧与骚扰，也常因为担心个人形象和职业发展而忍气吞声，最终选择隐忍或被迫离职。

自入职之日起，年轻的小王就遭受了办公室里一位男性前辈的奇妙"关照"。从最初以工作的名义传授工作技巧，实则大包大揽地解决小王的一切问题，到在领导面前温文尔雅地替小王美言，这位前辈的暖心行为逐渐拉近了两人之间的关系。然而，随着时间的推移，这位前辈的关照逐渐变味，转而走向了聊情史、打探小王隐私的轨道。他有意无意地触及小王的肢体，让小王感到不安而又无法言说。

"他曾经对我说过，如果他的女朋友能像我这样好看就好了。"小王回忆道。这种言语的暗示，加上前辈日常的举动，让小王开始意识到，这位前辈可能对她有其他的企图。然而，由于没有实质性的伤害发生，小王选择了沉默，害怕流言蜚语会让她失去这份工作。

其实现实生活中性骚扰行为非常普遍，我身边几乎每个女性的成长过程中都或多或少地遭遇过，但可能当时并不知道发生了什么，或者"只是觉得不太舒服"。

正是因为有了"性骚扰"的概念，女性才能回溯过去，将自己的经验重新定义——那时的郁闷不快，原来就是"性骚扰"啊，绝非"开玩笑""闹着玩儿"这么轻微的小事。而如果没有这些语言和概念，经验则无从表达。

明确什么是性骚扰

以你的感受为先。

一般来说，性骚扰指以带性暗示的言语或动作针对被骚扰对象，强迫被骚扰对象配合，使对方感到不悦。性骚扰对象不分性别，不论男女都有可能是受害者。它可以随时随地发生：校园、公共场所、职场、家庭，甚至网络上都是可能的场所。

性骚扰的分类很多，包括如下三类。

口头方式：如以下流语言挑逗对方，向其讲述个人的性经历、黄色笑话或色情文艺内容；

行动方式：故意触摸、碰撞、亲吻对方脸部、乳房、腿部、臀部、阴部等性敏感部位；

设置环境方式：即在工作场所周围布置淫秽图片、广告等，使对方感到难堪。

遭遇性骚扰怎么办?

性骚扰是一种不道德的行为，无论是男性还是女性都可能遭受性骚扰。如果您遭受性骚扰，以下是一些建议。

1. 保持冷静：如果您遭受性骚扰，不要惊慌失措或情绪激动。保持冷静可以帮助您更好地处理这种情况。根据性骚扰实施者是否会威胁到自身安全，选择合适的表明态度方式，可以是无声的断然拒绝，也可以直接把话挑明，要求对方检点自己的行为。

2. 收集证据：如果您认为自己遭受了性骚扰，请尽快向有关机构或组织报告。他们可以提供帮助和支持。可以巧妙地利用录音、录像等工具记录性骚扰过程。注意保留手机短信、聊天记录、电子邮件等有骚扰信息的电子文档。电子信息需要及时到公证机构进行公证，以免被对方删除或者被质疑真实性。告诉同事或亲友性骚扰的事，请她（他）为你作证。

3. 寻求帮助：如果您需要帮助或支持，请寻求专业帮助。心理医生、社会工作者或妇女救援会等组织可以提供帮助和支持。受害人可以向工会（职工维权热线 12351）、妇联（妇女维权热线 12338）等组织投诉，寻求支持和帮助。

4. 报警：如果您认为自己遭受了性骚扰，请尽快向当地警察报告。他们可以提供帮助和支持。如果受到严重的性骚扰，受害人可以拨打 110 报警电话或向当地公安机关报案，请求对骚扰者予以行政处罚或依法追究其刑事责任。

　　总之，性骚扰是一种不道德的行为，我们应该坚决反对任何形式的性骚扰。如果您遭受性骚扰，请不要惊慌失措或情绪激动，尽快采取行动，保护自己。

05

会讲故事的人，更有影响力

我曾听过俞敏洪老师的一场演讲，他讲述了一个令人动容的关于三文鱼的故事，那是一个我至今都无法忘怀的故事。

俞敏洪老师描述道，有一次，他在加拿大时，恰好遇上了三文鱼回流的季节。每四年一次，三文鱼会毅然决然地回到它们出生的地方，去繁衍后代。

三文鱼产卵后，会小心翼翼地将鱼卵藏于石子之下，然而这些鱼卵往往会成为其他鱼类的猎物。当它们幸运地成为小鱼，生活并未变得轻松，反而更加艰难。它们需要在湖中生长一年，在这一年的过程中，它们会不断被天上的鹰、水中的鱼以及湖边的人捕捞。因此，每四条三文鱼，一年后只能剩下一条。

　　然后，这些小鱼开始向大海出发，它们需要环游太平洋整整三年。在这三年中，它们的生存更加艰难，海里的凶猛鱼类更多，人类的捕捞也更为频繁。三年后，当它们再次回到河口时，曾经的每十条鱼，就只剩下不到一条。

　　然而，真正壮观的时刻在于，它们在回到河口、回到产卵地的那个阶段。

　　河水湍急，三文鱼们要拼尽全力逆流而上。在游的过程中，它们无法停下进食，只能二十四小时不停地游。因为一旦停下，它们就会被河水冲到下游去，失去回归产卵地的机会。

　　等到它们游到目的地的时候，已经变得浑身发红，因为它们身上的体能全部消耗完毕，这个时候，三文鱼就开始受精和产卵，当他们产完卵以后，就是它们生命的终点。

　　故事的主旨其实非常明晰：有时候，我们的生命相较于一条鱼而言，竟显得微不足道。因为大多数人，一生都被束缚在一个地方，被一种思想禁锢，缺乏创新，缺乏令人动容的生命状态。

　　若俞老师当时仅以道理引导我们，说："年轻人啊，不要安于一个地方，不要被同一种思想束缚，要勇敢探索未知。"这样的表述，未免过于平淡，无法在我心中留下深刻的印记。

　　然而，俞老师并非如此。他是一位讲故事的行家，擅长从故事中提取人生哲理，给予他人深远的影响。

他讲的故事，犹如一把尖锐的箭矢，直击我年轻而困惑的心。我默默对自己立下誓言，我绝不过那种平淡无奇、无法触动内心的生活。

你仔细观察会发现，企业家们通常善于讲述故事，因为没有故事，就无法传递思想，无法激发人们的热情。俞老师在这方面是个高手。他懂得故事的力量，知道如何通过故事，将复杂的理念变得生动、有吸引力。

讲故事，不讲道理

在这个世界上，道理常常被讲述，而最能触动人心的，却往往是最会讲述故事的人。即使市面上充斥着各种写作课程，教授各种写作逻辑，但真正最具影响力的内容，往往是以故事形式呈现的。古今中外，这种例子不胜枚举。

无论是全球作家富豪榜上高居榜首的《哈利·波特》作者J.K.罗琳，还是中国作家富豪榜上名列第一的《三体》作者刘慈欣，他们的影响力都源自他们所创造的故事世界。这些故事不仅丰富了人们的想象力，也深深地触动了人们的心弦。

而历史上印刷量最高的书籍《圣经》，也向我们展示了故事的力量。这部充满各种故事和寓言的经典，以其深远的影响力，成为人类文化的重要组成部分。所以，不会讲道理，没关系，逻辑是弱项，问题也不大，想要提升个人影响力，你一定要学会讲故事。

为什么故事会吸引人

1）故事吸引你的注意力

从远古时代的石壁到东西方的神话寓言，故事是最符合人类心智的沟通方式，它是我们解释世界最早出现的思考模式。这些故事不仅承载了人类的智慧和哲理，更描绘了生活的丰富多彩和内心的微妙变化。因此，无论何时何地，只要听到"来，给你讲个故事"，我们总会忍不住地凑近聆听，让思绪被故事所吸引。

故事衍生的小说、电影、电视剧也总让人看得津津有味，因为它们通过生动具体的情节和人物塑造，让我们身临其境，感受到角色的喜怒哀乐。可以说，故事在吸引注意力方面，有着得天独厚的优势，它能够轻易地打破时空的界限，让我们在想象中畅游。

历史学家尤瓦尔·赫拉利发现，历史是故事，宗教是故事，商业是故事，甚至人类文明的一切，底层都是讲故事。教育也不例外，要想影响学生，先得吸引他们的注意力。而故事则是最好的吸引方式，它能够激发学生的兴趣和好奇心，使他们在倾听中领悟知识和道理。

2）故事蕴含着知识

现在请你用 20 秒记住下面这段话：

两条腿坐在三条腿上，手里拿着一条腿。突然，一个四条腿的生物出现了，它从两条腿的身上抢走了一条腿。两条腿焦急地用三条腿试图吓走四条腿，最终成功夺回了一条腿。

你能记住多少呢？现在请你用同样 20 秒记住这段话：

一个孩子坐在三脚凳上，手里拿着一只鸡腿。突然，一只大狗跑了过来，抢走了鸡腿。孩子急忙举起凳子，试图用这种方式吓走大狗，最终成功夺回了鸡腿。

这两段故事有着相同的主题，都是关于争夺和防御的故事。但是，第二段故事更容易被人们记住，因为它具有更具体的细节和更清晰的图像，这使得它更加生动和有趣。

在记忆方面，故事是一个绝佳的模型，因为它们可以为我们提供意义和逻辑，使得我们能够更好地记住信息。像圆周率这样的数字，通过故事化的处理，变得更容易被人记住。

如何讲好一个故事

1. 与他有关的情节，能让人感同身受，由彼及己。每个人都活在自己的故事里，如果想让故事深入人心，就要把他的认知经历融入其中。只有与他有关，才能引起他的兴趣，否则就只是自说自话。

2. 人物对话是让故事鲜活起来的秘诀。我们总是对聊天对话充满好奇和兴趣。如果你能将一段平铺直叙的事件转化为生动的对话，故事立刻变得有血有肉，生动有趣。

3. 视觉画面是故事讲述的关键。通过创造画面，我们可以激发人们的想象。而那些能调动五感的词语，更是能让人脑补出鲜明的画面。例如：

一个青年男子踏着金黄松软的沙滩，赤脚漫步。海浪哗哗地拍打着礁石，带着咸咸味道的海风吹乱了他的头发。

这样的描述相比"一个男生走在海边的沙滩上"更能让人沉浸在故事的情境中，让听者仿佛身临其境。

4. 互动参与能让人更好地融入故事中。在讲述过程中，我们可以适时提问，如："你猜他后来会怎样？如果是你，你会怎么做？"这样的互动不仅能引起对方的好奇心，还能让他们更加深入地思考和反思。

5. 情绪表演能让故事更加生动。好的故事不仅需要生动地讲述，还需要通过情绪的表演来传递故事的情感和内涵。再好的故事，如果没有情绪，也会平淡无奇。如果再会用声音和肢体语言传递情绪，故事就能更加立体饱满，触动人心了。

6. 金句闭环。讲完了故事，别忘了用一个金句提炼总结故事隐含的道理，这才能让讲故事的效果实现闭环。这个金句不一定是华丽的辞藻，但一定是希望人铭记的核心价值。金句往往是故事的记忆点和传播点。

06

合理面对竞争，远离"自我PUA"

在日常生活中，我们总会面临众多活动，其中无时无刻不存在着竞争。在大学校园里，我们会与室友、班里的同学，甚至多年未见的小学同学聚到一起进行比较。除了学业，还会有参加了多少个社团活动、担任什么职务、获得过多少什么层次的比赛等。

这些无处不在的竞争，或许是明显的，或许是暗流涌动的潜在的竞争，让我们面对竞争时自然而然地会产生很多焦虑情绪。然而，这种情绪最终会导致结果往往更加不如人意。

躲过了别人的打压，却没躲过自我PUA

科学研究表明，适当的压力实际上有助于人们的日常生活，就像经典的"鲶鱼效应"一样。当将一只鲶鱼放入小鱼的水箱中时，鲶鱼的存在破坏了小鱼的生存环境，但出人意料的是，这反而激发了小鱼们的求生能力。因此，在人类社会，适当的竞争会有效地激发人们的自身潜力，从而取得意想不到的成就。

然而，为什么还有那么多因竞争而产生焦虑，不但没有激发潜能，反而适得其反的人们呢？其实，他们陷入了"自我 PUA"的陷阱之中。

我们之所以会陷入竞争焦虑的陷阱里无法自拔，实则是因为我们并不是为自己而活。我们更加在乎竞争的结果，并把这样的结果奉为圭臬，认为只要在竞争中失败，我们自身就是一个失败者，这就是对自我的 PUA。可能仅仅是一点小事没有做好，可能仅是在一场不熟悉的比赛中落选，但都会成为我们自我贬低的论据。

很多时候，我们努力屏蔽掉了别人的 PUA，却逃不开自我 PUA。习惯性否定自己，无意识地把 PUA 的技巧套用在自己身上，消磨自己的信心。

如何从"自我 PUA"中拯救自己？

也许你会担心，"自我 PUA"是一个比"他人 PUA"更难以察觉的事。

确实如此，但我们仍然可以有一些方法，能够帮助我们以一个"旁观者"的视角，审视自己和自己的关系。

1）确定自己的情绪触发器

思考自己的思维模式，是否容易对自己进行挑剔和否定。如果自己的思维模式比较消极，可以尝试调整自己的思维方式，多关注自己的优点和成就，减少对自己的批评和否定。你可能已经听过无数次，但是写日记真的很有帮助。试着在一天结束的时候坐下来，在心里"走一走"你的一天：

今天你做了什么？

为什么你会选择做这些事？

你在不同的事情中感觉如何？

这些事情是你真正想做的吗？

试着留意，是什么触发了你的消极思想？或者是什么导致了你开始折磨自我的行为？有些触发因素你可能无法避免，但确定它们，是解决问题的第一步。

2）练习跟自己的积极对话

试着像跟你关心的朋友那样，跟自己说话。接受自己的不足和缺点，不要过于苛求自己。每个人都有自己的优点和不足，接受自己的不足可以让自己更加轻松自在。认知行为治疗师常常采用类似的技巧，他们会提出这样一个问题："如果一个好朋友和你有着同样的经历，你会对他说什么？"

这是一个重要的问题，它能把你从自我否定和批评中拉出来，让你看看真实的世界在发生什么。它能帮助我们建立积极的自我形象，提高自我价值感。可以尝试通过学习新技能、参与社交活动、与朋友家人交流等方式来增强自我形象。

3）丰富自己的社交圈

一旦封锁了自己的社交，就等于把自己交给了心中的"恶魔"。

扩大自己的社交圈，不仅是让我们听到更多的反馈，也能让我们看到更多的活法。拥有一群值得信任的朋友，接受他们的夸赞，会让你感觉更好。

4）允许自己寻求帮助

永远允许自己寻求他人的帮助，可以是身边的长辈、同事、朋友，也可以是专业的心理咨询师。如果自己无法摆脱"自我PUA"的行为，可以寻求专业帮助。心理医生或心理咨询师可以帮助自己更好地理解自己的情绪和行为，提供有效的解决方案。

我们之所以一直难以摆脱自我的操控，正是因为这些操控是有效的，是有好处的，是能达成目的的。因此，我们更需要借助外界的力量，去打破它们。

我一直很喜欢一句话："你是可以选择离开的。"

你可以选择离开一段糟糕的关系，一个糟糕的想法，当然也可以选择离开那个你塑造出来的、想要操控你的"你"。而所有的离开，都在奔向自由。

一个心智更成熟的人，并不是僵化地维持情绪稳定，让自己陷入内耗焦虑的负面情绪旋涡；而是可以在高度复杂的环境中厘清关键影响因素，灵活应对各种变化，在纷繁复杂的问题中找到真正有效的解法。

成年后，真正拉开人与人之间差距的，是心智模式的差异。而职场，是我们日常面临的各个场景中问题复杂度最高的一个，也因此其实是最好的心智提升"练习地"。

07

别在需要讲情理的时候讲道理

春秋时期，宋国与郑国交战。宋国的名将华元，为了激励士兵，杀了许多羊。这些羊肉对于古时的人来说非常珍贵，所以并不能人人有份。就在这个时候，有人提醒华元，你的车夫还没分到羊肉呢！

华元冷酷地回答道："持戈杀敌的士兵当然要优先保证。不拿刀枪的车夫，吃不吃肉又有什么关系呢？"看似理智的话语，却缺乏人情味儿。中国人也许并不喜欢这种说话方式。

车夫一听，心中暗自嘀咕：得嘞，您老一会儿就瞧好吧！于是在两军对垒的关键时刻，车夫就驾着马车，把华元拉到了敌人队伍里去了。华元身边除了车夫一个人也没有。

对面的几万名郑军一下子就懵了，他们纷纷猜测：这二位难道是宋国派出的"人肉炸弹"？他们感到太刺激了，完全没有想到这场战争会有这样的变故。

华元眼看要被活捉，心中惊恐万分，连忙对车夫喊道："走错道儿了！怎么就咱俩上来了？"

车夫回过头来，冷冷地说道："畴昔之羊，子为政，今日之事，我为政。"他的话音刚落，华元就感到一阵寒意袭来，似乎已经预感到自己的命运将会如何。

最终，华元好端端一员上将，活活被郑军生擒。这就是成语"各自为政"的来历。不知"先情后理"，华元在职场上，树立了"凭实力让自己倒霉"的行业标准。你难道也想让下属，给你来一次"各自为政"吗？

在人际交往中，不仅要讲道理，还要注重感情。过于理智的态度可能会让人感到冷漠，缺乏人情味儿。

人可以被感情打动，但很少被道理说服

什么是情理，对中国人来说，"情"常常是要排在"理"之前的。华元的悲剧来自他只知"讲理"而不知"讲情"，看来，他这样的名将，也没明智到哪里去。与之相反，古时与孙子齐名的大军事家吴起，才是真正的名将。他不仅是一位"讲情"的高手，

更是一位善于将"情"与"理"融会贯通的智者。

史书载述：吴起曾为士兵吸吮腿上的脓，这一举动不仅令士兵感动，更令士兵的母亲痛苦不已。邻居来劝，老太太，你这是感动了吧？妇人说，你们有所不知，孩子他爹原来也是吴将军部属，吴将军为他做过类似的事。结果他爹上阵拼死不退，死在战场上了。现在又给我儿子吸脓？我这不是要绝后吗？

死又何妨？孟子曾言：人以国士待我，我以国士报之。也许每一个普通人心中，都藏着舍命报恩、舍生取义的梦想。

古人的故事对我们现代人有何启示？善意沟通认为：感情讲清楚，往往就不需要讲道理。我们应该学习吴起将军的智慧，不仅要"讲情"，更要"讲理"，将"情"与"理"融合，才能真正达到沟通的目的。

来看一下我身边的案例。我一位朋友天生就是沟通高手，他学历低、收入低、形象差（比我长得还惨），属于标准的矮穷丑。但他的家庭地位却出奇地高，每次与老婆发生争执，他总是能以巧妙的语言和独特的方式让老婆心服口服。

他的沟通绝招就是先情后理。每次吵架，从不与老婆"讲理"。老婆骂他："一天到晚就知道打游戏！孩子上学你不接送，孩子作业你不监督，连孩子的学费你都交不起……要你这样的老公有什么用？"

　　朋友一言不发，把老婆"壁咚"一声，顶在墙上，然后深深地看着她。他的眼神中透露出深情和坚定，仿佛在说："亲爱的，我知道你有情绪，但请听我解释。"

　　他轻轻拍了拍老婆的肩膀，把她拉进怀里，温柔地抚摸着她的头发，用柔和的语气说："我知道你对我有意见，但请相信我，我一直在为我们的未来努力。"

　　亲第一下，老婆大喊大叫："干什么？你个臭流氓！"

　　亲第二下，老婆声音明显弱了下来："干什么？你个臭流氓。"

　　亲第三下，老婆气若游丝："干什么，你个臭流氓……"

　　这时，他会用手指轻轻拂过老婆的唇角，深情款款地说："我爱你，这是最重要的。"

　　女人抱怨，背后的潜台词无非是说你不爱我。既然用行动表达了感情，那还用讲什么道理呢？

说什么话，别人会觉得你"不近人情"？

　　在职场上，有时候上级和下级之间会爆发冲突，甚至彼此势不两立。这种情况往往是由于受到了西方沟通思维的影响，即当双方存在分歧时，只讲道理而不讲感情。

　　然而，在实际生活中，怎么可能总是出现一方百分百有理，而另一方百分百无理的情况呢？往往上级有上级的道理，员工有员工的道理。如果双方都只考虑自己的"理"，而不肯为对方着想，会导致分歧加剧。争执到最后，员工虽然勉强执行，但这样的执行有时候还不如不执行。

例如，项目还未结束，员工却提出辞职，上级与他讲道理："你这不是要我好看吗？时间这么仓促，让我到哪里找人来替代你？公司的损失谁来负责？你现在辞职可以，离职补偿你一分钱也别想拿走……"

"道理"是讲清楚了，但矛盾也激化了。有脾气的员工会与你"法庭上见"，没脾气的员工也暗怀不满。即使无奈留下来，但在后续的工作中，埋下几个 bug，添一些让人头疼的麻烦，恐怕也是大概率事件。

在管理的世界里，道理是一座桥梁，连接着员工的心灵和公司的目标。然而，有时候，即使道理讲得再好，结果却未必尽如人意。员工是具有情感的个体，他们无法像机器一般百分百地执行指令。

西方的管理沟通方式在西方可能行之有效，但在中国，这种方式却未必适用。这是因为，不同的文化背景和价值观会影响人们对信息的理解和接受。因此，我们需要思考：我们的沟通是在提升员工的士气，还是在打击他们的信心？这直接决定了员工工作效率的高低。

善意沟通讲究"先情后理"，即在沟通中首先关注对方的情感，然后再讲道理。当情感得到满足时，道理才能更好地被接受。看似不争，实则胜于争。改变一个人的行为，首先要触及他的心灵。

遇到员工"不负责任"的辞职，应该怎么沟通？

员工辞职问题很好解决，咄咄逼人反而会激化矛盾。我见过的沟通"顶尖高手"，他们是这样处理问题的。

头半句就抛开"道理"不讲，先晾出上下级之间的浓情厚谊，"你辞职，我难辞其咎。原来这么多年，我都没能好好利用你的才华，没能让你发挥出最大的潜力……"这种情真意切的歉意，怎能不让人感动？本来是给公司带来了麻烦，但上级只责怪自己而不责怪你，这样的重情重义的领导，世间何处去寻？人心都是肉长的，中国人本性善良，性格刚毅。不怕硬，不畏强权，但最怕别人的柔言软语。但凡正常人，都受不得这种推心置腹的"刺激"！

后半句更是要先情感交流，再谈道理，把自己摆在"弱势"地位上，而不要炫耀上级的强势："你有更好的去处，我由衷为你感到高兴，证明当初没有看错你……后续工作不用担心，同事们会全力以赴。如果将来能回到这里，我们必定热烈欢迎！"

怎么办？听了这样的话，只能把未完成的工作尽心尽力地办！谁也不是铁石心肠，谁又能无动于衷？有人会当场打消辞职念头；有人即便辞职，也会多留一段时间，用心完成收尾工作，甚至不要额外报酬。你的言语能让他感动，他的行为必然让你感动！

　　"为你高兴""不用担心""热烈欢迎"这样的词汇，都在暗中体现情意，是典型的善意沟通。相信我，那种在战场上说"你们先撤，我在这里顶着"的将领，他手下也绝不会有贪生怕死、临阵脱逃的士兵！

5

不是"多说话"，
是"说对话"

01

毁掉沟通的，往往是争对错

经常会碰到有人问我，说我在跟同事／客户／伴侣沟通的时候，很难让对方意识到我是对的，这让我很难将自己的观点阐述出来，马锐老师你有什么好方法吗？

我告诉他，你首先就用了一个错误的心态去沟通。

在世界的两端，对与错屹立着，遥遥相对，它们之间的距离宛如星际距离，穿越需要无尽的勇气与智慧。没有任何沟通高手能够轻易逾越这巨大的鸿沟，进入另一端的世界。然而，倘若我们能在沟通中与对方并肩站立，用共识的砖石不断铺就信任的道路，那么我们之间的关系便会如同邻里般亲密，彼此间的门庭彼此相邻，相互倾听的声音便能轻易穿越。

对错的思路如同一道坚实的屏障，使得我们的判断被封闭。当我们坚信自己是对的时候，心灵深处便隐含着对对方的否定。想象一下，谁愿意承认自己的错误呢？尤其是当对方是那位慷慨的甲方。

在沟通的海洋中，我们常常陷入这样的误区，那就是我们认为自己是对的，并且渴望通过各种方式让对方看到我们的正确。然而，事实却与我们的愿望背道而驰，我们越是想说服对方，彼此之间的分歧就如同散落的繁星，越堆越多。

井底之蛙，才喜欢争对错

对错，其实是一个极为尖锐的概念，然而在人与人之间的沟通交流中，极端却是难得一见的。毕竟，我们总是希冀能有更多的同伴，而不是敌手。在口舌之争中胜出，或许能带来一时的满足，然而却可能耗费时间、消耗金钱，甚至伤害到人际关系。

常能听到这样的故事，如今在迎接新人进入婚姻的仪式中，会签署一份婚书。而这份婚书的首要条款就是：妻子的每一句话都是正确的；第二条则是在任何情况下，都要遵循第一条。这看似是一种霸道、宠溺的表现；然而实际上，它却隐含了沟通的真正本质。冲突与分歧固然存在，但最终我们要深刻思考，究竟是胜负重要，还是经营好关系更为关键。这并不是要盲目地听从某个人，而是要理性地考虑如何将事情做得更好。

说来有理，但为什么我们总是难以做到呢？

我先问问大家几个问题。

1）沟通的本质，是什么？

沟通，是一场信息的传递，它以语言、行为、图像等多种方式为媒介，旨在解决问题，维护关系，增进理解，从而促进双方的共融与和谐。

2）什么情况下，我们会执着对错？

当面对与自身认知相异的观点时，我们往往会陷入对错之争。这或许是因为我们渴望通过反驳他人观点来证实自身的正确性，抑或由于我们对自身坚信的观念怀有深深的信仰与情感投入。

3）为什么，会出现观点分歧，甚至对立？

观点的分歧甚至对立，往往源于生活经历、文化背景、教育程度等多元因素。这些因素会深度影响个人的价值观、世界观，从而导致观点差异的出现。

①对错的思路，往往源于信息量不对称。身边缺乏这类"超认知"的例子，就自动屏蔽了其发生的可能性和成功概率。比如，甲方给出了很多修改意见，这些意见充满了经验气息，而团队中的小伙伴缺乏相关领域的知识积累，容易误以为甲方在挑刺，陷

入"自己才是对的，是甲方落后了"的误区，从而忽略了其真正的意图。

在这个情况下，甲方给出的修改意见可能会让团队中的小伙伴感到困惑。他们可能会觉得自己已经尽力做到了最好，但为什么甲方还是觉得不够满意呢？然而，当他们开始深入了解甲方所提出的修改意见时，他们会发现自己的认知存在不足，而甲方所拥有的知识积累和经验则能够帮助他们更好地解决问题。

②对错的应激反应，源于核心需求不匹配。

进入职场以后，每次修改方案、做 PPT、迭代产品，我常常会听到上司或甲方发出抱怨，"这是什么鬼！这根本不是我想要的"。然而，直接用对立面来争对错，无疑是在冒险，要么当天就打包走人，要么陷入无尽的修改循环，直到你绝望地放弃。

所以，记住这个关键点，反复确认对方的核心需求，成为你努力的方向，一旦核心需求得到解决，其他的变动就会变得容易很多。

4）为什么是"我"和"你"，而不是"我们"？

在这个世界上，每个人都有自己的独特之处，但人们往往更喜欢与自己相似的事物。当面对分歧和冲突时，人们会感到不安，就像滴眼药水一样，会本能地眨眼。这种异物感，让人既不确定又心存抗拒。

人们总是只看到自己的想法，而忽视别人的建议。这种行为实际上是一种变相的独裁，因为只相信自己是对的，而忽视他人的观点。谁愿意成为错的那一方呢？

然而，仅仅原谅并不能让人真正自由。只有抓住问题的核心需求，理解他人的观点，才能真正看到更多的世界。这种包容和理解，是观点自由的基础。

达成共识的过程，就像一次细胞的更新和蜕变。在这个过程中，人们需要摒弃一些陈旧的认知，就像蛇蜕皮一样。有时候，还需要进行内心的手术，处理掉落下的灰和磕掉的肉，然后用新的认知来缝合，长出更加鲜活的细胞和肌肉组织。

每个人都有自己坚信不疑的东西，抵御外来物是一种基本心理机制；但是，只有通过理解和包容，我们才能真正成长和进步。

世上没有什么事，是只对或只错；没有绝对，才是绝对的真理。世上也没有什么容易事，小孩以为可以平衡的事情，其实是，大人们一直摇摇晃晃向前冲。

02

直奔主题前，先表示对他的兴趣

在人际交往中，同样的一句话，不同的人说出来给人的感受竟是天差地别。

有的人说出后，如春风拂面，让人心生欢喜，欲罢不能；而有的人则给人一种生冷之感，令人不自觉地心生戒备，主动疏离。

可见，人在说话时，暗含了某种温度属性，其温暖程度，往往决定着人与人之间的亲疏远近。这种温暖，表面上源于我们的说话方式。比如，说话时的语气、语调、节奏快慢，面部的表情与眼神、手势、身体的姿态等，都能显露出我们言语中的温度。

一个人说话时越有温度，其言语之外的动作就越丰富，情感也就越真挚。

同样是刚见面，有的人表现出来是眉飞色舞，让人感受到其热情洋溢；而有的人则是面无表情，让人不免觉得冷淡疏离。这种冷暖的差异，犹如一道无形的鸿沟，让人与人之间的距离瞬间显现。

但再深究一下，为什么会有这种表达的差异呢？

除了性格，以及成长经历中养成的习惯，还有一个很重要的原因，就是对人本身的关注。

不管是人际交往，还是人际交谈，最重要的是人，但我们经常忽略这一点。

你才是最重要的

在过去，我与别人沟通时，总是喜欢直接进入主题，有事便直说，无话则速离，觉得这样简单、直接、高效，不拖泥带水。然而，那时我最不喜欢的，便是见面时的寒暄，认为那只是客套的废话，既无实用，又无意义。

然而，结果却是，尽管我的工作能力尚可，但关系亲密的伙伴并不多。大家对我都是客客气气，礼貌但疏离。

造成这种情况的原因，便是我太忽略了聊天过程中那些看似空洞的东西，比如寒暄。

寒暄是套话吗？在多数情况下，的确如此。

但既然如此，为何它仍能得以存在呢？

其原因在于，人们需要它。

我们只需要关注一下人们在寒暄时说话的内容，就可以了解到他们的兴趣和背景。从闲聊中，我们可以得知你是哪里人，在哪里上的学，喜欢什么好吃的，今天的衣服、发型、包、表如何如何。

这些看似与正事无关的话题，实际上传递了一个重要的信息：我是在和你谈事情，对于我来说，你才是最重要的，其次是与你有关的事情。

正因为有了这种逻辑的存在，所以在聊正事前如果能闲聊几句，就会让人感觉更放松，彼此之间的心理距离也更近一些。

如果一个人不管与谁交谈，始终以一种刻板、枯燥的状态谈论事务，那么这种交流方式往往会令他人感到乏味，像一块坚硬而冰冷的石头，总让人感到不舒服。

这种不舒服的根源，是对人的漠视。它无声无息地传递出一种微妙的信息：

我对事情感兴趣，对你不感兴趣，事情比你更重要。这是一种令人反感的感觉，让人觉得被忽视、被冷落。

因此，若要使自己的言谈富有温度，关键在于关注他人，把人放在第一位。

一个人，只有当他感受到被看见、被关注、被重视时，内心才会涌起一股温暖的感触。

此外，若要让你的话语更具有温度，还有一点至关重要，那就是要更多地交流彼此的感受。交流感受就是交流彼此在某一件事情上的体验。

如何表达对他的兴趣

比如对方刚换了一份新工作，你可以问对方感觉怎么样，有没有压力等。

在感受层面的交流中，让对方感受到你能洞察到他们的内心世界，理解他们的感受和想法，这不仅会增加他们对你的信任和认同感，还能让他们感到被关爱和被理解。

在坦诚地表达自己的感受时，可以通过分享自己经历过的类似情况，来让对方感到你的共鸣和理解。例如，你可以描述自己当初换工作时的困惑、不安和挑战，以及克服这些感受的方式和过程。

情感的传递是具有感染力的，当你坦诚地表达自己的情感时，对方会更容易被你的情感所打动，产生共鸣和情感上的连接。这种情感的交流不仅会增加彼此之间的信任和认同，还能建立起更加深厚的人际关系。

如果你能够在交流中注重感受层面的交流，坦诚地表达自己的情感，分享自己的经历和感受，那么你就有机会深入别人的内心世界，成为他们信任和认同的人。这样的交流不仅有温度，还能让彼此之间更加亲近和融洽。

03

开玩笑要适度，别让自己成为玩笑

人际交往中，不管是什么样的关系，一定要做到不乱开玩笑，这不仅仅是一个人有分寸感的体现，更是对他人的尊重。

年轻人，尤其是男孩子，往往容易冲动，当玩笑开得过火后，就会造成极大的危害。为了确保开玩笑的适度性，我们需要注意因人、因时、因环境、因内容而异。

有些人是不能忍受玩笑的，因为他们具有强烈的主动攻击性。这类人在小时候缺乏自我保护的有力手段，因而总是处于受欺负的弱者地位。随着时间的推移，他对别人有着一种潜意识的敌意，并爱用"主动攻击"或"加倍反击"的方式来确立他的"强者"形象，以保护自己的尊严。

拿别人的缺陷起绰号开玩笑的，也多以男孩子为主，这些男生大多身强力壮，他们开的玩笑目的性很强，要么是为了逗乐，要么是为了羞辱对方。孩子们拿缺陷开玩笑，则大多关系比较亲密，有的则纯粹是为了逗乐子。

本来，朋友、熟人之间适当地开开玩笑，可以活跃气氛、融洽关系、增进友谊。但开玩笑一定要适度，要因人、因时、因环境、因内容而定。但是坚决不能拿别人的生理缺陷开玩笑。每个人在生理上、心理上都可能有一些缺陷，这些缺陷会使人遗憾、烦恼、痛苦、自卑。一个有良好道德修养的人是不会把人的这些缺陷当作笑料的。

如何把握玩笑的度

风趣幽默的人，总是能自带好人缘，让他们更容易受到众人的欢迎。然而，如果他们没有拿捏好分寸，将玩笑开过了火，那么结果往往会适得其反，伤人伤己。

在开开玩笑的时候，我们必须有分寸，把握好度和界限。不要开那些低俗的玩笑，让人感到难堪；不要在开玩笑时夹枪带棒，指桑骂槐，让人误解；不要借开玩笑的名义，对人冷嘲热讽，伤害他人的感情。

怎么把握好这个度呢？我有几个小小的建议。

1）开玩笑要看对象

俗话说："人上一百，形形色色。"人的性格不同，接受玩笑的程度就会不同。和宽容大度的人开点玩笑，或许可以调节气氛，但面对不同的人一定要学会察言观色，适可而止。

2）开玩笑要看时间

俗话说："人逢喜事精神爽。"我们应该考虑到对方的情绪状态。如果对方正感到疲惫或焦虑，我们的玩笑可能会让他感到不被尊重或不被理解。因此，我们需要在合适的时间段内开玩笑，以避免对对方造成不必要的干扰或伤害。

3）开玩笑要看场合、环境

在需要保持安静的场合，如课堂、图书馆、升国旗、开会等，我们的玩笑可能会被视为不尊重或不礼貌；因此，我们需要在合适的场合和环境中开玩笑，以避免对他人造成不必要的干扰或伤害。

4）开玩笑要注意内容

在选择开玩笑的内容时，我们需要考虑到健康、风趣、幽默、高雅等因素。不要开庸俗的玩笑，不要拿别人的生理缺陷开玩笑，这是交往中应该避免的。我们应该开有益的玩笑，让人发笑，也能让人感受到我们的智慧和幽默。

04

批评别人前，先做好安抚工作

假如你熬夜写了一个稿子，向编辑提交后，收到如下反馈：

第一位编辑赞赏地评价道："这篇文章布局清晰，内容丰富，但美中不足的是，分论点的阐述尚有欠缺，逻辑链条稍显模糊。然而，我深信你的才华，你一定能够将其改进和完善。"

第二位编辑严肃地指出："这篇文章逻辑结构较为混乱，表述不够清晰，让读者难以理解你的主旨。请回去重新梳理，使文章更加条理分明。"

以上两种评价，你更乐于接受哪一个呢？

答案显而易见，你一定会欣然接受第一位编辑的建议，并且认真修改文章。

这就是今天要给大家介绍的"三明治理论"。

什么是三明治理论

在批评心理学中，有一种奇妙的现象，被称为"三明治效应"。在这个现象中，人们将批评的内容夹在两个表扬之间，使受批评者愉快地接受批评，从而能够更好地理解并改进自己的行为。

这个效应的第一个层次，是对批评对象的认同和赏识。这包括了理解并尊重对方的优点和积极面，以及对其付出的努力和成就的肯定。这样的认同和赏识，能够让受批评者感到被理解和被尊重，从而减少了抵触情绪。

接着是中间层，这一层是针对批评对象提出建议、批评或不同观点。这样的直接反馈，能够让受批评者明确自己的不足之处，并且知道如何去改进；但是，这一层也要注意表达方式，要确保言语得当，避免伤害到对方的感情。

最后是第三层，向批评对象给予鼓励、希望、信任、支持和帮助。这一层能够让受批评者感到被关心和被支持，从而更有动力去改进自己的行为；同时，这一层也能够表达出对受批评者的期望和信任，让他们感到自己被重视。

"三明治效应"是一种非常有效的方法，能够让批评变得更加愉悦和有效。在运用这种方法时，要注意把握好每个层次的比例和表达方式，以确保批评能够被愉快地接受，并且能够真正地帮助到受批评者。

这样说有什么好处

1）去防卫心理作用

在批评之前，先以亲切关怀和赞美的话语作为铺垫，便能营造出一种友好的沟通氛围。这种氛围可以让对方感到安心，使交往对话得以顺利进行。倘若一开始就采用直接的批评方式，且语气过于严厉，对方很可能会产生一种自然的防御反应，以保护自己不受批评的伤害。一旦产生了这种防卫心态，再好的批评也将变得毫无意义，因为受批评者已经关闭了接受批评的心门。

三明治法的第一层起到了至关重要的作用，它能够帮助去防卫心态，使受批评者乐于接近批评者。在这一层中，我们需要用心倾听对方的问题和需求，理解对方的感受，并以温和、理性的方式表达自己的意见。这样，受批评者才能感受到我们的关心和尊重，从而更容易接受我们的批评意见，进而改变自己的行为。

2）去后顾之忧作用

许多破坏性的批评如同一股迅猛的狂风，席卷着批评者的情绪，毫无顾忌地倾泻在被批评者的心灵上。这种批评如同阴霾的天气，压得人喘不过气，令人感到无比压抑和无助。结束时，这种批评仍会让人心有余悸，仿佛被批评的不是他人，而是自己。人们搞不清楚，自己是正在受批评，还是正在接受惩罚。

然而，三明治法的最后一层如同阳光穿透阴霾，起到了去除后顾之忧的作用。它以鼓励、希望、信任、支持、帮助的形式，给予受批评者一股强大的力量。这股力量如同指南针，引导受批评者走出迷茫的泥潭，振作精神，重新再来。

3）留住面子

批评并不是最终的目的，而只是一种手段，它的目的是帮助他人更好地成长和发展；因此，如何进行批评就特别需要讲究技巧和策略。

三明治式的批评是一种有效的批评方式，它既能够指出问题，又容易让人接受，并且不会留下任何负面情绪。这种批评方式之所以具有这样的优点，主要归功于它不会伤害人的感情，也不会破坏人的自尊心；相反，它能够激发人向善的良知，使人的积极性始终保持在良好的行为状态。

在实践中，三明治式的批评通常表现为一种渐进式的教育方式。首先，批评者会给予被批评者肯定和鼓励，让其知道自己的努力和付出是受到认可的。其次，批评者会用温和的语言指出被批评者存在的问题，让其知道自己的不足之处。最后，批评者会再次给予被批评者鼓励和肯定，让其知道自己的努力是受到重视的。

怎么运用这一技巧

1）赏识、肯定、关爱对方的优点

每个人都渴望认同和肯定，当我们对对方表达认同时，对方会卸下防备心理，并且会形成良好的沟通氛围，可以让对方平静下来进行交往对话，负面意见也更能听得进去。

比如：

"妈妈发现你最近学习非常用功，看你在英语上取得很大进步，妈妈为你感到高兴。"

"老婆，你最近的工作很辛苦，我很心疼，看你晚上睡不好，我着急又担心。"

"小王，最近你工作挺卖力，销售业绩也很不错，当初我没看走眼。"

2）提出建议、批评或不同观点

在肯定完对方之后，双方的距离更进一步，对方也会有一种被理解、被肯定的感受。

在这个基础上，需要提出改进的建议，才能促成改变的发生。

比如：

"但是，妈妈发现你最近在数学上屡屡因为粗心大意而犯错，是你不喜欢数学，还是做题的时候走神了？"

"但是老婆，我看你最近总是动不动就跟孩子发脾气，虽然我理解你，但是这样长久下去，对孩子的成长来说是不利的。"

"小王，虽然你工作业绩很不错，但是最近有同事反映你和大家的相处好像不怎么愉快，需要合作的工作，你不太配合，这是因为什么呢？"

3）给出希望、信任、支持和帮助

有前面两步的铺垫，对方对批评意见，大概率是能够接受和反思的，这时候再给出鼓励、信任和支持，使对方在感到愧疚的同时，更增添了改变的动力。

还是以上面三个例子为例：

"不太喜欢数学不要紧，后面我多搜集一些包含数学元素的游戏，咱们一起玩，慢慢地你会发现数学是很有意思的！当然你在做题的时候也要更加专注和认真，尽量避免粗心大意。"

"可能是我最近工作太忙，没照顾到你的情绪，以至于你情绪失控时容易向孩子发泄，后面我会调整，你也要努力学着控制情绪，我们一起努力好吗？"

"作为招你进来的领导，我个人是很信任你的，我相信你不是有意疏远大家，后面你在跟大家相处时注意一点，不要让别人误会。"

这种批评法，不仅不会挫伤受批评者的自尊心和积极性，而且会使对方积极地接受批评，并改正自己的不足。

05

把你的"为别人好"，变成别人的"为你好"

"为你好"这三个字，是无数孩子童年的阴影。它如同一道无形的枷锁，让他们在生活中无法自由翱翔。世界上有一种冷，叫你妈觉得你冷；世界上有一种爱，叫以爱为名绑架你。这种爱，往往将孩子禁锢在父母的设计中，让他们按照父母的规划成长，而失去了自我选择和探索的机会。

我非常赞同俞敏洪老师所说的一段话："中国家长对孩子所谓的规划，是一种强制，就像把人塞到一个大罐子里面，按照家长的要求来成长。"这种规划往往让孩子失去个性，成为机械服从的机器。

中国家长的心态，就是因为你是我的孩子，我有资格来规划你的幸福。他们所做的一切都是为了让孩子变得更好，所以，他们总是以爱的名义来控制孩子，让孩子按照他们的规划成长。

这种以爱为名的"规划"，意味着对孩子堂而皇之地控制。它让孩子失去自我，失去个性，失去选择和探索的机会。而在这种教育氛围下长大的人，也不自觉继承了这种思维模式，尤其是在人际交往和职场上，动不动就以人师的面目自居，美其名曰都是为别人好。

这样的人既喜欢给别人意见，又听不得别人的一点意见。

什么时候，我们能把"为别人好"的思维，转变成别人"为你好"的模式，我们就真正开启了成功之路，为什么我会这么说呢？

因为，所有人在帮你

我在做自己的产品研发的时候，去问过各方人的意见和想法，有朋友觉得很奇怪，说很多人的意见压根就不成熟，你为什么也要去听呢？

我告诉他，每一个提意见的人都在帮我，当我抱着这样的初衷去听取别人的意见时，我就一定能收获一些东西。

1）听高人意见，更容易获得成功

在古代的宫廷中，听取高人意见而获得成功的例子屡见不鲜。例如，邹忌以自己与徐公比美的故事，劝谏齐威王广开言路，齐威王接受了邹忌的建议后，便下了命令。他说："大小官吏百姓能够当面指责我的过错的，受上等奖赏；书面劝谏我的，受中等奖赏；能够在公共场所批评议论我的过失，并能传到我的耳朵里的，受下等奖赏。"命令刚下达时，许多大臣都来进谏，宫门前庭院内人多得像集市一样；几个月以后，仍有人不断来进谏；满一年以后，人们即使想进谏，也无所得了。这样的虚心纳谏行为为齐国带来了稳定与繁荣，使齐国得以名扬四海。

同样的，唐太宗李世民也常常听取魏征的建议，这使得他的治下被称为"贞观之治"。太宗虚心纳谏，使得唐朝政治清明，百姓安居乐业。而孙权接受孔明的建议联刘抗操，奠定了天下三分的局面。同样在三国时期，吴国大将吕蒙开始读书，并带领吴兵"白衣渡江，打败了高傲的关羽"，也为我们留下了"三日不见，当刮目相看"的故事。然而，也有反面例子，如刘备不听诸葛亮、赵云的劝告，执意兴兵攻打吴国，为关羽、张飞报仇，结果被"火烧连营 700 里"，惨败而归，自己也没能回到成都，半路而终，从此蜀国国力大减。

2）听常人意见，少犯错误

在那个饥荒的年代，百姓们生活在苦难之中，他们挖草根、吃树皮，生活困苦不堪。消息传到晋惠帝的皇宫中，他坐在高高的皇座上，听着大臣的奏报，心中不禁感到困惑。作为一个善良的皇帝，他很想为他的子民做些事情，于是他开始思考并寻找解决方案。最终，他自豪地提出一个方案："百姓无粟米充饥，何不食肉糜？"然而，像晋惠帝这样高高在上的人，往往从自身周边环境出发，很容易犯常识性错误。他们看不到百姓的苦难，也听不到他们的声音，只顾着自己的利益和想法。

王健林在鲁豫有约节目上表示，很多年轻人有自己的目标，比如想做首富。这当然是正确的，但他建议年轻人先定一个小目标，比如挣它一个亿。他认为，如果你能规划五年或三年，然后努力去实现它，那么下一个目标，再奔向 10 亿元、100 亿元，也许就不是梦了。然而，在普通人看来，一亿元仍然是一笔巨款。

因此，人在高位，一定要常听普通人的建议，才能更好地接地气。管仲在临终前提醒齐桓公要远离易牙、竖刁和公子开方这三人，但齐桓公没有听从。最终，这三个人篡夺了齐国的政权，齐桓公的下场十分悲惨。

齐桓公不顾管仲的建议，仍然重用"竖刁、开方、易牙"三人，不顾人生中的常识，结果自己活活饿死在宫中。从管仲和齐桓公的对话，就能看出齐桓公犯了常识错误。

3）听外人意见，消除偏见

在固定的思维模式中，我们往往会在看待问题时产生偏见，这种偏见如同窗上的灰渍，模糊了我们的视线。就像那位喜欢从窗户观察隔壁太太晾洗衣服的女士，她心中的判断如同她家窗户上的灰渍，使得她看世界时带有了某种偏见。

她的眼睛在窗户斑驳的映照下，看到了隔壁太太的懒散与疏忽。她看到对方晾晒的衣服上的斑点，如同那未曾清洗的污渍，令她无法忍受。她向朋友抱怨，感叹对方的粗心，尽管她的朋友并未亲眼所见，但她们的思维里都预设了一个前提，那就是对方的衣服确实没有洗干净。

然而，当她的朋友真正走近窗户，用手指触摸到那块渍时，真相才被慢慢地揭示。原来，并不是那位隔壁太太洗衣服的疏忽，而是她们自己的窗户已经积累了厚厚的灰渍。这种灰渍不仅影响了她们的视线，也遮蔽了真相。

这位女士的偏见如同那窗户上的灰渍，使她的认知产生了偏差。她没有能看到真实的场景，只是根据她的预设想法作出了判断。这不仅是她的窗户脏了，更是她的心窗脏了。

而在《扁鹊见蔡桓公》的故事中，扁鹊宛如一位明察秋毫的智者，他三次见蔡桓公，都指出他生病了；但是，蔡桓公却固执地坚持自己的观点，拒绝接受这个事实。

在这个故事中，扁鹊的洞察力如同锐利的刀锋，切割开了蔡桓公的固执与偏见；然而，蔡桓公的选择却如同那窗户上的灰渍，遮蔽了他的视线，使他无法看到真实的情况。

06

最高明的战术，是共赢

人性是幽微而复杂的，每个人都会追求自己的利益，这无可厚非。正如亚当·斯密所言，人类都具有追求利益最大化的倾向，这是人类行为的一种基本规律。然而，这种追求利益的行为却常常带来冲突，这种冲突无时无刻不存在于我们的生活中。

小时候，只有一个苹果，你和你的弟弟妹妹都想要，这是一种争夺资源的冲突。在工作中，团队的奖金是固定的，你和我都想分得更多，这是一种利益分配的冲突。还有时候，两辆车狭路相逢，谁都不愿意退让，这是一种个人意志和利益之间的冲突。

面对这些冲突，人们如何处理呢？

争输赢，最后没有赢家

在 20 世纪 50 年代的美国，一部电影《无因的反叛》揭示了一种令人心惊的场景：两辆汽车在一条道路上相向行驶，但双方都坚决不愿意退让。在这种情况下，有两种可能的结局：一是僵持不下，相互耗着，直到其中一方终于厌倦；二是通过策略和技巧，让另一方屈服。

这个场景让我想起了一个著名的博弈论游戏——"懦夫博弈"。在这个游戏中，两个驾驶汽车的人同时选择要么直走，要么避让。如果两个人都直走，那么两辆车最终会相撞；但如果一个人选择避让，那么这个人就输了。这个博弈论游戏的精髓在于，当对方理性时，你选择避让可以让对方承担损失；而当对方不理性时，你选择避让可能会造成自己的损失。

然而，这种方法并不总是最好的。有时候，人们在竞争中会变得非常激烈，甚至不惜一切代价地去争取胜利。这种心态可能导致许多不良后果，例如破坏人际关系，损害自己的声誉，甚至引发悲剧。

事实上这样的现象是很多的，很多人在面对竞争时，和人斗得头破血流。

这是利己思维，本来只是为了达到自己的某一目的，但到最后变成了争输赢，不仅没有受益，反而产生了更多的损害。

最高明的利己，其实是利他

在一条狭窄的田埂上，两个人都挑着沉重的担子，相对而行。他们的步伐缓慢而坚定，仿佛每一步都是在为自己的目标踏出坚定的力量。

这个狭窄的田埂对他们来说是个挑战，因为担子如此沉重，倒退回去太过艰辛，而避开只能站在水田里，弄脏自己的鞋。他们都不愿意妥协，因为他们知道，一旦妥协，就意味着放弃自己的坚持。周围没有其他人可以求助，只有他们两人面对面地相视。其中一人，一个深思熟虑的人，想出了一个惊人的主意。他提议说："让我们交换担子吧。我会帮你挑过你的担子，你也帮我挑过我的担子。"

这个提议仿佛一道曙光，让原本看似无解的问题找到了出路。他们开始执行这个非凡的计划，互相帮助，一起向前。他们放下自己的坚持，为了共同的目标而努力。

所以当面对利益分歧时，更应该想到的是自己的目的，比如上述案例，本质上是为了将担子挑过去。如果你只想着自己，让别人退，别人肯定不答应。而你想着先解决别人的问题，那么你最后也能实现自己的目的。

如果双方都执着于自己的利益，最后就会变成争输赢，你会发现，慢慢偏离你想要的越来越远。

所以我不建议大家成为一个利己的人，而是成为一个利他的人，当然本质上也是为了达到自己的目的。

付出就是得到

北方朋友初到南方菜市场，眼前的景象让他目瞪口呆：鱼贩们热情洋溢地帮助顾客杀鱼，熟练地削鳞、去鳃、抽腥线，甚至去贴骨血，令人叹为观止。然而更令他惊奇的是，这些周到的服务并不一定针对在他家买鱼的顾客，而是面向所有的人，包括竞争对手的顾客。他感到十分困惑，不明白这种看似毫无回报的劳动有何意义。

然而，这个鱼贩的策略实际上是共赢思维的体现。他通过提供免费的服务，赢得了顾客的认可和信任，从而为自己树立了良好的口碑。这种口碑是无价的市场资源，它能够吸引更多的顾客前来购买，提高销售额。与此同时，这种合作共赢的关系也使得其他竞争对手的顾客可能流向他的摊位，进一步扩大了他的市场份额。

通过合作共赢，各方都能够得到更多的利益，实现了资源利用的最大化。这种共生共荣的关系，使得各方都能够得到更多的机会和可能性，从而实现了共同发展。因此，我们应该注重合作，发挥各自的优势，共同把蛋糕做大，实现双赢甚至多赢。

认知

职场是不能

放弃的战场

6

活出自己，
不被定义的人生

01

没有自我改变，都不叫"成长"

我听过这样一个故事。

师父曾向弟子们提问："如果你急着要烧一壶开水，却发现柴火不够，你会怎么办？"

第一位弟子果断地回答："抓紧时间，赶紧去捡。"

第二位弟子则说："捡怕是来不及了，不如直接去集市上买。"

第三位弟子思考后说："买也要花不少时间，不如去别的人家借。"

师父微笑着解答："为什么不把水倒掉一半呢？"

烧水的柴火不够，未必要更多的柴火。

有一句智语说得妙："墙，推倒了就是门；心，敞开了就是路。"

善于改变自己的思维，往往能事半功倍，人生也就随之改变。有时，思维巧妙转变，便能看透事情的本质，迎刃而解。

我们要如何改变自己呢？

有这样一个故事：

1930 年一个初秋的早上，一个只有不足 1.5 米的年轻人从东京某公园的长凳上爬了起来，然后从这个"家"徒步去上班，他因为拖欠了房租，已经被迫在公园的长凳上睡了两个多月了。

他是一家保险公司的推销员，虽然每天都在勤奋地工作，但收入仍少得可怜。

有一天，这位年轻人来到了一家寺庙，拜见住持。寒暄之后，他便滔滔不绝地向老和尚介绍起投保的好处来。老和尚很有耐心地听他把话讲完，然后平静地说："听完你的介绍之后，丝毫没有引起我对投保的兴趣。"

这时候，年轻人愣住了，老和尚接着又说："人与人之间，像这样相对而坐的时候，一定要具备一种强烈吸引对方的魅力，如果你做不到这一点，将来就没什么前途可言了。"

老和尚最后说了一句："小伙子，先努力改造自己吧！"

从寺庙里出来，年轻人一路思索着老和尚的话，若有所悟。

接下来，他组织了专门针对自己的"批评会"，每月举行一次，每次请 5 个同事或投保客户吃饭，为此，他甚至不惜把衣物送去典当，只为让他们指出自己的缺点。

每一次"批评会"后，他都有一种被剥了一层皮的感觉。他把自己身上那一层又一层的劣根性一点点剥落了下来。

随着劣根性的消除，他感觉到了自己在逐渐进步、完善和成熟。

这个人就是被美国著名作家奥格·曼狄诺称之为"世界上最伟大的推销员"的推销大师原一平。

到 1939 年为止，他的销售业绩荣耀全日本之最，并从 1948 年起，连续 15 年保持全日本销售第一的好成绩。1968 年，他成为美国百万圆桌会议的终身会员。

很多人认为原一平是幸运的，但看了这个故事，我们就能明白了：他的幸运不是偶然的，而是他改变自己之后得来的。

1）改变心态

人生是随人的心态的变化而变化。这个原则是我在痛苦煎熬中领悟的，实际上我的人生曾遭遇一系列的挫折和失败。在反复的挫折中，我逐渐有了一种领悟，所有这一切苦难都是由我自己的心态所引起、所招致的。

心态，在通俗的意义上，就是心理状态。它是动能心素、复合心素所涵盖的各种心理品质的修养和能力的综合表现。性格和态度，在这一心态的框架内，相互交融，共同构建了我们的心理状态。这种心态，以一种微妙而深远的方式，影响着我们的行为、决策和感知世界的方式。

马斯洛曾深刻指出："心态若变，态度随之而变；态度改变，习惯亦随之而变；习惯改变，性格亦然；性格改变，人生便能随之改变。"这一理论，揭示了心态在塑造个人命运中的关键作用。

若想在生活中有所突破，首先需要从改变心态开始。当你意识到自己的心态有所局限，便有了自我超越的可能性。

2）改变位置

人生一世，不过短短数十载，最重要的莫过于内心的愉悦与满足。在生命的长河中，有人安于岸上，有人游弋于河流，两者视角不同，理解各异。

岸上的人，对于河里的人，或许怀着羡慕，感叹他们的自由自在，却也无法理解河里人的辛酸与挑战。而在河里的人，对于岸上的人，或许带着不屑，他们无法理解岸上人的安逸与平淡。

《增广贤文》有云："以责人之心责己，以恕己之心恕人。"这道理并非只适用于处理人际冲突，更是一种生活的智慧。当我们遇到问题时，我们常常会怪罪别人，却忘记了反省自己。同样，当我们面临困境时，我们总是宽恕自己，却忘记了体谅他人。

人生并非单项选择题，没有非 A 即 B 的绝对答案。真正的最优解，一定是将心比心，理解他人的结果。

3）改变环境

"人创造环境，环境也创造人。"有时候，仅仅盯着问题是不够的，还需要去看这个问题所处的环境，以及环境如何反向影响问题。

走进书店，无论爱不爱看书，总不由自主地拿起一本书翻看几页。

到了健身房，平时不爱锻炼，也想在各种健身器材上尝试一番。

生活中，处处可以见证环境对行为的影响。

合适的物品摆放在合适的位置，能优化人的行为。

而行为决定了一个人的成长，更决定了一个人的成就。

02

成功使人快乐？这也许是种"到达谬误"

在哈佛大学的积极心理学家泰勒·本·沙哈尔说过："'到达谬误'是一种我们常常会产生的错觉。"我们总会认为，一旦实现某个目标或完成某项成就，接下来面对的将是永恒的幸福。

"这些人一开始并不快乐，但是他们会告诉自己，'没关系，只要我成功，我就能够获得幸福。'但是当他们成功的时候，即使他们可能会有短暂的满足感，这种感觉并不会持久。之后，他们会比之前没有希望的时候更加不快乐。因为之前，他们的生活里至少还有美好的幻想，或者说一种错觉，相信着一旦自己成功，幸福就会来临。"

然而，问题在于成功并不总是等于幸福——这似乎与我们多数人的信念背道而驰。

我们常常被告诉，只要努力工作并达成目标，就能获得幸福。于是，我们鼓励自己的孩子成为班长、成为足球队的队长、成为管乐团的首席、成为学生会主席……我们希望他们成功，希望他们因此而幸福。

然而，结果却并不总是如我们所愿。当他们到了 34 岁，取得了巨大的成就，却发现自己依旧不快乐。曾经坚信不疑的东西，被彻底打破了。

追求成功并不能让你快乐

最近，一位朋友向我倾诉了他的苦恼。他告诉我，虽然他的薪水一直在增长，但这一年下来，他发现自己并没有实现什么真正重要的事情，反而像是按照某个标准的剧本演绎人生，越来越难以感受到发自内心的喜悦。他告诉我："忙完这一阵，就可以忙下一阵了。感觉特别累，特别没意思。但不这样生活，还能怎么样呢？"

听到他的倾诉，我不禁想到了追求成功反而让人不快乐的问题。许多人都在为了实现自己的目标而努力工作，但却在不知不觉中失去了对生活的热情和快乐。这是为什么呢？

明明正在走向人生巅峰的道路上前行，却越来越不容易开心，甚至失去生活的意义感，可能主要有以下几方面的原因。

1）成功的标准不是你制定的

对于很多人来说，从少年时代起，就开始有了对成功的渴望。

那时，成功的标准，可能是成绩排名前三名、评优评奖，可能是考上名牌大学、热门专业；随着我们毕业步入社会，成功的标准变成了就职于世界500强、年薪百万、嫁入豪门、迎娶白富美……

但无论在哪个阶段，这些成功的标准其实都不是由我们自己制定的，而是来自社会主流的期许，满足他人的期望。

因此，追求成功，也意味着我们不得不一直活在他人的眼光中。

我们取得一个又一个成就，看起来像是在"成为更好的自己"，其实不过是在将自己打造成流水线上最优质的罐头，让自己符合社会评价体系，以及他人眼中那个"更好"的标准。

而罐头是没有自己的心声的。我们越是把追求标准化的成功当作目标，就越是迷失自我，不了解自己真正想要什么。我们也没有时间和精力去探索自我，去发现什么对自己来说才是真正重要的。

2）忙碌让你丢失了自己

每一个自称"社畜"的职场人士，内心深处都有一个共同的梦想：那就是能够在今天摆脱工作的束缚，自由自在地享受生活的美好。

然而，根据心理学研究，人类其实是一种善于寻找忙碌的生物，即使他们主动选择休息，也会不自觉地找到某种理由让自己变得忙碌起来。这似乎已经成了一种心里的逆反情绪，一种对平凡生活的反抗。

在这个追求个人成功的文化氛围中，忙碌与缺乏休闲已经成了社会地位的象征。就如同国内的社会语境所传达的那样，"忙碌"被视为奋斗的象征，是值得赞扬的，而"有闲"则被视为懒惰和失败的象征。

然而，过度的忙碌也会带来一系列的问题。首先，过度的忙碌会对我们的身心健康产生不良影响。当我们用忙碌程度来衡量成功与否时，我们便会在心理上允许自己过度劳累，甚至为了适应这种高压力、高焦虑的忙碌生活，我们可能会牺牲必要的休息时间，而忽略了对自己的照顾。

其次，过度的忙碌也意味着我们可自由支配的时间会变得更少。研究表明，当人们感到自己的时间不够用时，他们也会变得更加不快乐。这种时间压力不仅会降低我们的生活质量，还可能对我们的身心健康产生长期的负面影响。

3）什么都想要

在媒体的渲染下，我们目睹了太多"人生多面赢家"的传奇故事，这些充满魅力的成功者似乎拥有一切：事业家庭并重，生活精彩纷呈，爱情完美无缺。这种"兼得""兼顾"的昔日野心，让我们深陷其中，欲罢不能。然而，当各种事务都被标记为"重要"时，我们反而失去了优先级，陷入迷茫，难以确定哪些目标是最为重要的，更难以专注于实现它们。

在喧嚣的世界中，我们都在为了实现个人的成就而奋斗，然而，我们是否真正停下来思考过，对自己来说，什么才是真正重要的？追求成功之所以让我们更难以感受到生活的美好，是因为我们没有认清自己的内心所向。

一位事业有成的男士，为了追求更高的成就，日夜奋斗，舍弃了家庭生活。然而，在一次意外中，他突然发现自己的至亲已离世。面对这个突如其来的打击，他意识到，纵使事业再成功，也无法弥补亲情缺失的遗憾。

当我们理解上述三方面的原因后，不难发现，它们的本质其实是相通的：我们看似在拼命努力实现个人的成就，实际上却没有在为自己而生活。追求成功之所以让我们更不容易快乐，是因为我们没有认清，究竟什么对自己来说才是真正重要的。

03

你知道自己擅长什么吗？

先问大家一个问题，你知道自己擅长什么吗？

我很长一段时间也不知道自己擅长什么，一开始我很喜欢表演，特别想成为一名演员，觉得在舞台上的感觉特别好，但是后来各种阴差阳错，我成了一名造型师，做得还不错，甚至以此展开了自己真正的事业。

由此可见，我们并不是一开始就知道自己擅长什么的。

走出校门后遇到的第一个问题，做自己

在二十多岁的年华里，我们常常会陷入迷茫，不知道自己该何去何从，特别是那些刚毕业一两年的同学，他们的迷茫更甚，

他们不知道自己是否应该坚持这份工作，是否应该选择辞职。

然而，别太过担忧，因为 80% 的人都在经历与你相同的心路历程。

这个现象的原因，在于我们的人生在 22 岁之前，都是由他人为我们安排好的。我们在小学、初中、高中、大学的过程中，很少有人会去深入思考自己未来的职业方向，因为我们在此期间的主要身份就是学生。

我们每天的思考都是如何做一个好学生，而这个标准的 80% 都是学习成绩。我们的教育注重的是如何取得最好的分数，如何进入最好的中学、大学，似乎大学毕业后，我们的前途就会一片光明。

我们在填大学志愿时，自己看、老师帮推荐、父母帮打听，都不是为了帮助我们找到自己，而是为了填写一个最有前途、最有"钱景"的专业。

就是这样一个过程，我们走完了被安排好的人生。

紧接着，我们走向了社会，需要自己为自己作决定。可是，我们已经失去了自我决策的能力。因此，我们感到焦虑、迷失，刚毕业那几年的职业选择就像无头苍蝇一样，东撞一下，西撞一下，始终找不到自己的出路。一旦过了 25 岁，我们就更加慌张了。

先有"喜欢的能力"

长久以来，我们很多人丧失了"深度喜欢一件事的能力"，这让我感到十分遗憾。

当我面对那些说"不知道自己该做什么"的粉丝时，我总是会问：你知道自己喜欢什么吗？然而，很多人的回答却让我感到困惑，他们说："我也不太清楚自己到底喜欢什么，对很多事情都有兴趣，但好像又谈不上有多热爱。"

因此，我认为与其去寻找自己喜欢的事情，不如先学会如何习得或恢复喜欢一件事、热爱一件事的能力。

怎么获得这种能力？

1）好奇心

好奇心，是人类天性中的一颗璀璨明珠，然而，成长的磨砺却常常将它深埋，让我们对新鲜事物逐渐变得"无感"，这是一种致命的缺失。

好奇心与找到心爱之事之间，存在着深层次的联系。

寻找所爱，是在不断探索、尝试新事物、学习新技能的过程中进行的。

如果我们失去了对新鲜事物的渴望，丧失了探索的欲望，只愿意停留在已知的舒适区，那么我们接触到新事物的机会将会大大降低。

你也可以理解为，只有当你见识过足够多的东西，才有资格找到真正你所喜爱的东西。

例如，你有可能是一个蹦床高手，但如果你从未尝试过，又如何能知道你是否真的喜欢这个活动，或者你是否擅长它呢？

你也许是一个剪视频的高手，但如果你没有好奇去尝试，你可能就错过了一份潜在的才华。

越缺乏见识的人，越难以找到真正自己所喜爱的事情。因此，保持好奇，保持探索，不断扩充自己的视野，是我们每个人的使命。

2）经营

兴趣和爱情一样，重在经营，而不仅仅是寻找。经营一份兴趣，就像经营一份爱情，需要用心、耐心和热情。只有当你对一份兴趣足够投入，足够热爱，它才会给你带来意想不到的收获，让你在忙碌的生活中找到一份宁静和快乐。

在一份美好的爱情中，两个人相互欣赏，相互支持，相互成全。他们在一起时，彼此能够看到对方最好的一面，也能够激发出彼此最想成为的那一面。同样的，一份真正的兴趣，也会让你不断地去探索、去尝试，让你在不断地尝试中成为更好的自己。

当然，兴趣也可以理解为一种价值的交换。当你对一件事情有足够的热情和投入，你便会在其中获得更多的成就感，这种成就感会让你更加喜欢它，更加投入地经营它。这是一种正向的循环，也是一种美好的体验。

所以，无论是对待兴趣还是对待爱情，我们都需要用心经营，用情投入。只有当我们真正地热爱一份事业，真正地投入一份感情，我们才能在其中找到真正的快乐，找到真正的自我。

3）耐心

把兴趣经营出来，需要耐心。

比如写作，即便是写作高手，一开始也可能没那么喜欢写作，因为一开始肯定写得很菜，当经过苦心经营越写越好时，才一步一步爱上写作。

有粉丝常问：马老师，我有很大疑惑，为什么你随随便便就能做出各种不同的妆容造型，还能不断创新，永远都不会创意枯竭呢？

我回答：说自己随随便便就能做出各种造型，那是吹牛的。我也是不断学习摸索，才有今天的成就，我会从各种音乐、绘画、艺术展会中获得灵感，甚至一草一木都能给到我灵感的火花，最重要的是你要不断练习，保持敏感的心观察这个世界，如今做造型是我最大的乐趣之一，这是我耐心经营的结果。

保持好奇，不断探索，用心经营，要有耐心，你终究会找到自己喜欢的事。

04

别把力气花费在改变他人对自己的印象上

曾经有一所大学的研究团队进行了一项引人入胜的实验。他们专注于观察一个蚁群，揭示出每个成员的分工与合作。结果发现，大多数蚂蚁勤奋无比，忙于清理蚁穴、辛勤地搬运食物、照顾幼蚁，似乎永不停歇。

然而，也有一小部分蚂蚁显得无所事事，整日东张西望。这些"懒蚂蚁"被研究团队标记并引起了注意。

令人感兴趣的是，当研究团队切断蚁群的食物来源时，那些勤劳的蚂蚁立刻陷入了一片混乱。而那些"懒蚂蚁"却毫无惊慌，带领蚁群向新的食物源进行转移。

原来，懒蚂蚁并非真正意义上的懒，而是它们将大部分时间投到了思考与侦察上，这就是著名的"懒蚂蚁效应"。懒蚂蚁并非表面看到的懒，而是为了更好的规划和准备。

但是很多时候，我们就像那些"懒蚂蚁"一样，没办法去跟别人解释我们的动机和初衷，结果给人留下不好的印象。有些人会很在意别人对自己的看法，急于解释，试图改变他们对自己的印象，结果往往并不如他们所期望的那样。

误解的根源在于人心的失信。也许我没有那样的意图，但在对方的眼中，却是我背离了信任。急于辩解，或许并不被接纳，而轻易地听信，也未尝不能消除误解。实际上，我的品质并非一蹴而就，而是日积月累地努力与坚持才得以形成。

今日被误解，仅仅是源于对我一时一事的误读，并不能代表我的全貌。与人相处，亦需时间与考验，才能形成准确的认识。当被别人误解时，我无须焦虑，因为我的品质并非一蹴而就，而是由一件件小事汇聚而成。

所以，我们完全没有必要浪费精力，去试图改变他们对自己的看法。

别人对你的看法，首先是服务于他自己的

每个人都有自己的世界观和认知模式，他们往往会根据自己的需要和理解来解读和构建世界。因此，别人对你的看法往往是

一种主观解读，与其说是对你真实面貌的反映，不如说是对他们自身的一种映射。

每个人都是以自己为中心揣测和理解这个世界。他们对这个世界的看法，他们对每个个体的看法，都取决于他们需要一个怎么样的世界架构。比如，当一个人想要成为一个好人时，他总会下意识地塑造很多个"坏人"，习惯性地把别人想象成坏人，以此来满足自己内在的心安。

因此，别人对你的看法，首先满足的是他们自己建构世界的内在拼图。你对他们来说，只是一块拼图而已。

你是什么样的，只有你自己能够定义你自己

我坚信自己的内在品质和价值，因为我是独一无二的，我的特点、想法和经历都是与众不同的。我不需要被别人的眼光所束缚，因为我有自己的心灵地图，它指引我走向自己的梦想和目标。

我行走在自己的道路上，塑造自己的命运。我的方向、我的速度、我的选择都是我自己的事。别人的看法只是路过的一阵轻风，转瞬即逝，对我不会产生任何影响。

想要改变并掌控别人对自己的看法，这是一种妄想

人与人之间存在着无法言喻的差异。即使是紧密相依的夫妻，

在生活的历程中并肩前行，也难以做到完全理解对方。每个人都是独一无二的，有自己的思维、情感和经历。因此，你应该放下掌控的欲望，尊重他人的独立性。

在追求自己的需求时，不要试图改变他人。这并非明智之举，而是一种控制欲的表现。你需要意识到这一点，并学会放轻松，不要深陷其中。否则，你可能会陷入"求而不得"的痛苦之中。

成长的标志之一就是戒除自己的妄想。不要过度耗费精力去改变他人。

不改变别人对自己的看法，也代表着，我们尊重所有的"缘分"

缘分如同神秘的丝线，悄然编织在生活的每一处细微之处，将人与人之间的命运紧密相连。那些与你缘分深厚的人，仿佛在灵魂深处与你有一种奇妙的共鸣，他们能迅速感知你的真实情感，欣赏你的内心世界，与你建立深厚的友谊。而那些与你缘分较浅的人，或许只是生命中的过客，他们或许会误解你的意图，无法理解你的内心世界，从而产生隔阂。

然而，当误解产生时，你主观上想要消除误解的心愿，虽不能成为决定性的因素，但也能为事态的明朗化贡献一份力量。你努力解释，精细地为自己的立场辩护，用华丽的辞藻描绘自己的内心世界。然而，你要明白，别人的看法是多种因素共同塑造的，并非仅仅由你的解释决定。

因此，你要学会信任自己，也要信任对方，相信时间的力量，相信缘分的自然运作。在给出信任的同时，你也要给予对方独立思考的时间。你不再试图掌控一切，而是让事情自然发展，让误会自然消解。

05

坚持不下去时，并不是只有放弃一条路

在墨西哥的广袤土地上，流传着一个既遥远又切近的寓言。

一位博学的学者，为了探究这个世界的奥秘，雇用了一群印加挑夫，背负着他满心的期待和行李的重量。他们的步伐坚定而有力，如同一支有条不紊的队伍，行进在通往未知的道路上。然而，就在行进的过程中，这群挑夫突然停下了脚步，让学者感到一阵莫名的困惑和焦急。

学者急切地问道："为什么不再走了呢？"挑夫们用他们朴实的微笑和深邃的眼神解释道："我们走得太快，灵魂落在了后面，我们要等等它。"

我跟大家说这个故事的初衷很简单，有时候我们走得太快了，

需要缓下来，允许自己休息。

时常有朋友跟我留言说，马老师我真的很辛苦，坚持不下去了，但我又不甘心放弃，你能给我什么建议吗？

我都会跟他们说，不要想坚持不坚持的问题，你只是需要休息一下。

追求梦想就跟爬山一样，爬山是一件很辛苦的事，爬到中途你气喘吁吁，手软脚软，大汗淋漓，实在没有力气继续往上走了，这个时候你就掉头往下走吗？

不是的，坚持跟放弃之间，其实还有一条路，就是休息。

我们要允许自己歇一歇

在努力奋进和咸鱼躺平之间，我们不一定非得作非此即彼的选择。

就像一杯水，除了"空杯"或"倒满"，我们还是有很多可以斟酌的选项，最重要的，是我们在两者之间找到让"真实自我"感觉最舒适的位置。

当你认真工作以后，回到家里懒洋洋地躺着，刷刷手机，给自己歇息的机会，不意味着你白天努力的成果就是白费的，也不代表你的歇息是徒劳的。当你允许自己累了躺平，才能减少"真实自我"与外部世界的对抗。这时，你的精力才能从"对抗控制"

回归到"自我实现",去心甘情愿地做自己想做的事。

《写给自己的情书》中，毕淑敏以其温暖而坚定的笔触，向我们传达了一种积极向上的人生态度。她告诉我们，无论世界如何变幻，我们都要坚信，一切都会变得更好。

亲爱的自己，无论现实有多么残酷，我们都要坚持相信，这只是黎明前短暂的黑暗。在这个世界上，你是独一无二的存在，无论是否有人懂得欣赏，你都要深深爱自己，做最真实的自己。

因此，不要慌张，要放松心情。当你感到疲惫时，不必始终保持坚强，允许自己短暂的停歇，静静地拥抱自己。拥抱那些心中的酸楚，拥抱那些不为人知的孤独，拥抱那些深夜里的焦虑，拥抱那颗疲惫的灵魂。

当你开心时，就开怀大笑吧。当你不开心时，不必压抑自己，找个地方大哭一场，然后擦干眼泪，鼓起勇气，继续带着微笑前行。

接纳自己做个"废物"

很多人没有意识到，我们可以允许自己暂时停下前行的步伐，成为短暂的"废物"。

所谓的做"短期废物"，实际上是让我们学会"自我接纳"。这种自我接纳，是指人们在深刻理解自身与他人的优缺点后，依然能对全部的自己感到满意——"尽管我与众不同或有缺陷，但我依然认可自己"。

很多时候，我们会羡慕动物的生活。它们饿了便寻找食物，累了便安心休息。它们的生活被本能所主导，无须过多的焦虑。对动物来说，快乐在于眼前的享受，并非未来的保障。

而在现代社会中，我们人类往往为未来而活。我们将太多的时间和精力花费在"非此时"，以至于产生了一种慢性焦虑，渴求"一个有保障的未来"。

羡慕有人能够持续每天打卡阅读、打卡健身，并且希望自己也能够成为这样的人；

将持续一段时间的"自律"的目标设定成为"一段时间之后会成为更好的自己"；

……

事实上，我们正在被假象所欺骗。如果我们不能完全做到活在当下，那么我们能够计划和掌控未来的能力将毫无用处。不在生命中享受持续做一件事情的乐趣，而要强行给自己赋予目的去做本不愿意做的事情，为原本就已经疲惫至极的生活添加负担。我们变得像一头被眼前胡萝卜吸引的驴，一直追赶前方的胡萝卜，但永远也追不到。

当你感觉坚持不下去的时候，请放慢脚步，等一等你丢失的灵魂。躺平并不是什么坏事，它不是说，我们放弃了我们的人生，将无意义和无价值标榜给自己，它是另一种生活方式，让我们的身心暂时得到放松，触碰外面的世界，感受快乐和舒坦，像是在给我们过度施压的心，揭开一道放松的口子，防止压力过大崩裂开。

休整好的你，才可以更好地上路。

06

长大的自由就是，拒绝你不想要的

我去朋友家做客，他的小孩在吃饭的时候表现出各种反抗，饭桌上的菜有七八个，可是小孩却只吃那一样。我朋友就担心孩子营养不良，于是威逼利诱孩子吃不同的菜，孩子最后大哭起来，放下碗筷以不吃来抗议他。

朋友很无奈地叹气，说大人就不挑食，小孩子怎么这么挑食呢？

我听完后忍不住笑了，说其实大人也一样挑食，只不过大人在长大以后，有买菜的自由了，谁会去买他们不喜欢吃的菜呢？

我们长大后最大的自由，不是想要什么就要什么，而是坚定地拒绝我们不想要的。

但很多人依旧觉得活得不自由。

不自由，可能是因为还没有自治

在现代社会，许多人享受着比长辈们更优渥的生活，他们拥有更高的学历、更好的工作，家庭也更为美满。然而，与过去的人们相比，他们似乎并未感到更加幸福，反而感到自己像棋子一样被人控制，压抑而无助，并容易产生心理问题。

很多人对自由的看法是随心所欲，想做什么就做什么才是真正的自由。然而，即使这样做，当他们停下来思考时，他们依然会发现自己始终处在一种紧绷的状态，无法容忍他人的质疑，内心深处总是隐约感到一种空虚和脆弱，担心眼前的生活方式无法带来好的结果。

看到这里，你可能会问：按照标准生活和不按标准生活，似乎都无法获得真正的自由。那么，什么才是真正的自由呢？

苏珊·奈曼在《为什么长大？》里这样写道：

"自由不只是你被允许做什么事，自由是你遵守你为自己设定的准则的能力。自由不能被简单地看作做你现在想做的任何事；那样的话你会被任何一时的兴致和一闪而过的念头奴役。真正的自由意味着你控制你的整个生活，学会作计划、承诺和决定，为你的行为结果负责。"

所以，真正的自由或许并非无拘无束，它的前提和关键是实现自治。

自治，如何带来自由？

当一个人实现了自治后，他们将会体验到生活中四种具体的感受，这些感受不仅是我们所追求的自由的前提，更是关键所在。

1）更大的生活自主权

在一个充满自治的社会中，每个个体都有权力决定自己的生活方式，这是自治的核心。当一个人处在这种自治的状态下时，他们不仅有自己的理解和成熟的内在逻辑，而且不会被外部的标准或他人的眼光所左右。这种自主性使他们能够根据自我真实的意愿和价值观作出决定，从而体验到生活的自主权。

相反，那些缺乏自治的人，由于缺乏自己的理解和思考，难以形成内化逻辑，导致他们很难作出"自己的决定"。他们总是感觉生活被外界所操控和左右，无法真正掌握自己的命运。

只有当每个人都能够自主地决定自己的生活方式，才能真正实现自治，让每个人都能够实现自我价值的最大化。

2）高水平的自我效能感

自我效能感，这种对自己能力的信任程度，无疑在我们的生活中起着至关重要的作用。它不仅决定着我们的行为动机，而且决定着我们对于目标实现的决心和信念。根据心理学家的研究，自我效能感是一种强大的社会认知，它影响着我们如何看待自己，如何理解自己的行为，以及如何在复杂的社会环境中应对挑战。

在自治的人中，这种自我效能感被强烈地感受到。他们相信，自己的人生是可以由自己掌控的，他们能够体验到高水平的自我效能感。这种信任并非空中楼阁，而是来源于他们对自己的能力和潜力的深刻理解，以及对过去成功经验的心理感知。

当他们面对目标时，他们不仅坚信自己能够实现，而且深信自己可以做得更好。他们的行动是积极的，富有策略性的，他们善于调整自己的行为和态度，以适应各种复杂多变的环境。即使偶尔陷入迷茫，他们也不会被动地接受这种困境，而是选择相信自己一定可以走出困境，重新建立生活的秩序。

3）更高水平的幸福感和生活满意度

自治让人们达到了前所未有的生活满足感。就如，他们能够根据自己的内心需求，从容地作出生活的决策，从而对自己的健康水平、生活效率等产生积极的正反馈。这些善于自我管理的人，总能在行为与反思之间找到平衡，如同灵动的舞者，在生活的舞台上翩翩起舞。

他们无须外界的赞许，而是依靠内心的指南针，去寻找自我满足的源泉。这不仅让他们在人生的旅途中更加自由自在，也让他们的人生更加丰富多彩。

美国心理学家赖安和德西在他们的研究中指出，这种自我决定的理论，为我们的自我理解打开了一扇全新的大门。它揭示了人类天性中的一种自我决定的力量，这种力量不仅可以改变我们的行为，甚至可以改变我们的健康状况。

4）对各种生活体验都是接纳的，在反思中不断成长

一个具备自治能力的人，对于自己主动选择的体验，皆能以开阔的胸怀接纳，并持续进行全面的反思，从而更深入地探索自我，更好地了解自己。例如，当遭遇不理想的结果时，他们能够冷静地反思，识别出导致自己作出当前决策的种种因素，以便在下次作出更优的抉择，展现出更大的潜能。

我们该如何实现自治的状态？

第一步：了解自己的真实想法，区分"外部标准"和"内在需求"。

只有那些源于你自身想法的目标，才是最契合于你自身情况和实际能力的。"内在需求"不仅可以激发你的主动性和创造力，还能让你在实践的过程中获得成就感和幸福感。

如果你习惯了根据"外部标准"行事，难以区分社会期望和自身想法，那么试着回答下面的问题或许可以帮助你找到答案：

如果不考虑外部条件的话，我理想的工作是什么？

我现在选择的生活方式，在多大程度上符合我对理想生活的定义？

是什么让我接受了那些不符合理想的部分？是我的某些价值观、当下真实需要、某些思维定式，或是他人的期待？

第二步：将情绪作为线索，打破生活的惯性。

有时候，我们清楚地知道我们想要什么样的生活，但是在实际行动中却难以作出真正的改变。这种惯性思维已经成为我们自我管理的障碍，因为它让我们不是根据"此时此地真实的自己"来做出选择，而是基于"我们以为的自己"。

为了打破生活的惯性，以自己的情绪为线索，深入探索自己的真实想法，客观分析自己作出选择后的感受和情绪，不断地反思，从而达到自我管理的状态。在这个过程中，我们需要学会控制自己的情绪，理性分析自己的行为，以及不断地反思自己的决策是否符合自己的价值观和目标。

第三步：从小事做起，问自己"我想怎么样？"

一开始就在学业、事业、亲密关系等重大人生事件上作出自洽的选择，可能会带来不小的压力。建议你先从小事开始尝试自洽，比如思考今天穿什么、计划假期去哪儿玩、考虑晚上吃什么等。

逐步积累经验，学会问自己"我想怎么样？"而不是"哪个选择更恰当"，逐渐懂得如何根据真实自我作决定。当日常生活中的自治成为习惯，我们才可能在重大选择前，也有自治的勇气和能力。

当你在点点滴滴的小事上做到自治时，也许你会发现，生活正在通往你所希望的自由。

07

没有最好的，只有最适合自己的

　　小时候我看过一个这样的童话故事。有一个小女孩在生日的时候收到了父母送她的一条红色蓬蓬裙，她开心极了，立马穿上去找小伙伴们，希望得到夸奖。可是到了舞会上时，她发现有个女孩子穿了一条更红、更美的红色蓬蓬裙，还有一个蝴蝶结在胸口，小女孩一下难过了，她觉得自己穿的这条裙子不如人家的好看，自己整个人也因此显得黯淡无光。

　　她哭着跑回家，跟妈妈说我没有蝴蝶结。妈妈于是做了一个蝴蝶结缝在裙子上，小女孩觉得自己此刻也是美的了，再次去到舞会上。可是到了那儿她发现，那个穿红裙子的女孩，已经把蝴蝶结取下来了，而她翩翩起舞的样子，似乎更美了。

小女孩呆呆地看着她，不知道自己要不要扯下胸前的蝴蝶结。

很多时候，我们就像故事里的小女孩一样，总是羡慕别人拥有的，觉得那才是最好的；却不知道这个世上根本没有最好这个词，只有最适合自己的才是好的。

人生从未有过绝对的优与劣，只有适合的，才是最好的。就像一件衣服，即使它再华丽璀璨，如果穿在身上不够舒适，不符合你的身形，那么它就不是适合你的；又如一份工作，即使它的工资再高，但如果你没有兴趣，没有能力做好，无法展现出成绩，那么它也无法成为适合你的。

只有在适合自己的环境里，与适合的人共处，我们才能最大限度地激发自身的潜力，使生活变得更加舒适。

不与他人比较，就是取悦自己

村上春树在《舞舞舞》中写道："你要做一个不动声色的大人了，去过自己另外的生活，不是所有的鱼都会生活在同一片海里。"

可以说，一个人最好的生活方式就是：做自己。

曾经有一位国王，他非常热爱自然美，每天都要到花园里散步。当他有一天来到花园时，发现往日繁华的花朵已经凋谢，取而代之的是一片凋残衰落的景象。

然而在这片荒凉的地方，却有一棵心安草，它是最纤细、最柔软的植物，但是它却生机勃勃，给这片荒凉带来了生命的迹象。

国王见到这片荒凉的景象后，感到非常惊讶，不禁问道："小小的心安草，为什么其他的植物都枯萎了呢？"

心安草回答说："亲爱的国王，其他植物之所以枯萎，是因为它们之间的比较使得它们失去了自己的特点。橡树觉得自己比不过松树的高大挺拔，松树觉得自己比不过葡萄的丰硕果实，葡萄觉得自己无法像橡树那样直立并开出美丽的花朵，牵牛花觉得自己比不过紫丁香的芬芳，而紫丁香则因没有牵牛花的花朵大而感到落寞。"

国王听后深受启发，他问道："既然其他植物都因相互比较而枯萎，那么你为什么还能如此生机盎然呢？"

心安草自信地回答说："因为我并没有和其他植物相比，我只想做一棵独特的小草，所以我保持着盎然的生机。"

正如心安草所说，每个人都是独一无二的，没有必要和其他人相比。每个人都有自己的特点和优势，应该学会珍惜和发挥自己的长处。

以己之长比人之短，赢了没什么可值得骄傲的；以己之短比人之长，输了只会越来越自卑。不管是哪种结果，都会让我们迷失自己，失去真正的快乐。

正如世界上没有两片相同的树叶，同样也没有相同的两个人。

每个人都有自己独特的特点，是别人都不具备的，与其在和别人的比较中消耗自己，不如好好珍惜自己的个性。

当我们懂得去做自己，也就拥有了最适合的生活。

内观自己，才能外观他人

一个人只要学会了"内观"，便能轻易破除内心的执念和障碍，战胜自我，成为无懈可击的人。只要洞察自我，便可明察世界。理解自己之后，才能真正理解他人，很多时候我们无法看透他人，根源在于我们未能看透自己。

内观，便是看透自我，进而改变自我。这一过程或许会有些痛苦，因为需要直面自己的种种缺陷，一一予以解决。然而，很多人缺乏这种耐心和修养，因此本能地选择逃避。

这些人选择逃避之后，反而整日叫嚣着要改变世界……改变世界听起来很容易，只需口头说说而已。生活中有许多这样的人，他们看似志向远大，日复一日地呼喊着要改变世界，要利他，要普度众生，却从未想过先改变自己，这真是最大的可悲。

他们对自己的问题视而不见，却口口声声标榜自己远大的"理想"，他们舍近求远、信口开河。所谓的"改变世界"也好，"利他"也好，都只不过是他们逃避现实的借口。

透过自己，审视世界

当我们开始深入审视自己时，我们会忘记他人和世界，只与自己对话。勇气缺乏的审视，往往揭示的是虚妄的欲望和逃避。

我们的双眼、双耳、一张嘴和一个鼻子，都是朝向别人，而不是对着自己。但只有当我们让这些器官朝向自己，别人才会成为我们内心的镜子，映射出我们真实的心灵。

一个人开悟的标志，就是敢于面对自己的内心，把别人当作自己的镜子，来照亮自己的不足。在遇到问题时，我们应先从自己身上找原因，只有这样，我们才会一天比一天强大。

相反，那些遇事先找别人问题的人，将永远无法进步，只会抱怨别人。这就是人生最大的执念，它让我们不断惹是生非，也是痛苦的根源。

如果我们的内心一直在成长，我们终有一天会破土而出；而如果我们总是期待外来的各种机会，我们只会被埋得更深。因此，勇敢地审视自己，不断从自己身上找原因，这是我们成长的必经之路。

不惧孤独，强大内心

人生犹如一座宏大的舞台，下方的观众嘲笑台上角色的荒谬，而台上的演员又感叹下方观众的迷醉与可怜。其实，每个人都在不同的舞台上演绎，每个人都在自己的偏见中找寻生活的价值。你的喜好，将成为你判断价值的标准；你的位置，将决定你的行为出发点。

　　人生，不过是在此处笑谈他人，而在彼处又被他人所嘲笑。在利益的旋涡中，人们学会了互相攻击、算计和谩骂。

　　人生有时充满了挣扎，你若混得稍胜他人，他人会心生嫉妒，暗中算计你；你若混得不如他人，他人则会嘲笑你，轻视你。因此，无论人生成就如何，我们最终都会变得孤独。只有让内心变得强大，我们才能应对这个世界的无常与变化。

08

你是什么颜色的人？

我经常跟身边的朋友做一个很有趣的测试。

假如人可以用颜色划分成红、绿、黄、蓝四种颜色，你觉得自己是什么颜色的？

对方给你的感觉又是什么颜色的呢？

结果很出乎意料，我们每个人的自我认知和他人感觉是完全不同的。比如我，自认为是红色，但多数朋友却一致认为我是黄色，尤其是工作伙伴，他们觉得我一直是属于主导型，不能忍受被"安排"。

另一个女孩，给自己的定位是蓝色，而实际她更像红色，蓝色只是她期望成为的类型。

这是一个有趣的现象，我们的自我认知更像是自我期待，它跟实际情况是有出入的，而这个误差也会影响我们的人生选择。

了解真实的自己，也许能帮你更好地处理人际关系。

先了解以下几种典型颜色的性格优势

1）典型红色

作为个体：高度乐观的积极心态。喜欢自己，也容易接纳别人。把生命当作值得享受的经验。喜欢新鲜、变化和刺激。经常开心，追求快乐。情感丰富而外露。自由自在，不受拘束。喜欢开玩笑和调侃。别出心裁，与众不同。表现力强。容易受到人们的喜欢和欢迎。生动活泼，好奇心强。

沟通特点：才思敏捷，善于表达。喜欢通过肢体上的接触传达亲密情感。容易与人攀谈。发生冲突时，能直接表白。人越多越亢奋。演讲和舞台表演的高手。乐于表达自己的看法。

作为朋友：真诚主动，热情洋溢。喜欢交友，善于与陌生人互动。擅长搞笑，是带来乐趣的伙伴。容易原谅自己和别人，不记仇。富有个人魅力。乐于助人。有错就认，很快道歉。喜欢接受别人的肯定和不吝赞美。

对待工作和事业：工作主动，寻找新任务。富有感染力，能够吸引他人参与。激发团队的热情、合作心和进取心，重视团队合作的感觉。令人愉悦的工作伙伴。完成短期目标时，极富爆发力。信任他人。善于赞美和鼓励，是天生的激励者。不喜欢太多的规定束缚，富有创意。工作以活泼化、丰富化的方式进行。反应快，闪电般开始。

2）经典蓝色

作为个体：严肃的生活哲学。思想深邃，独立思考而不盲目从众。沉默寡言，老成持重。注重承诺，可靠安全。谨慎而深藏不露。坚守原则，责任心强。遵守规则，井井有条。深沉有目标的理想主义。敏感细腻。高标准，追求完美。谦和稳健。善于分析，富有条理。待人忠诚，富有自我牺牲精神。深思熟虑，三思而后行。坚忍执着。

沟通特点：享受敏感而有深度的交流。设身处地地体会他人。能记住谈话时共鸣的感情和思想。喜欢小群体交流的思想碰撞。关注谈话的细节。

作为朋友：默默地为他人付出以表示关切和爱。对友谊忠诚不渝。真诚关怀朋友的境遇，善于体贴他人。能够记得特殊的日子。遭遇难关时，极力给予鼓舞安慰。很少向他人表达内心的看法。经常扮演解决分析问题的角色。

对待工作和事业：强调制度、程序、规范、细节和流程。做事之前首先计划且严格按照计划去执行。喜欢探究及根据事实行事。尽忠职守，追求卓越。高度自律。喜欢用表格、数字的管理来验证效果。注重承诺。一丝不苟地执行工作。

3）经典黄色

作为个体：不达目标，誓不罢休。不停地给自己设定目标以推动前进。把生命当成竞赛。行动迅速，活力充沛。意志坚强。自信、不情绪化，而且非常有活力。坦率，直截了当，一针见血。强烈的进取心，居安思危。独立性强。有强烈的求胜欲。不畏强权并敢于冒险。不易气馁，不在乎外界的评价，坚持自己所选择的道路和方向。危难时刻挺身而出。讲究速度和效率。敢于接受挑战并渴望成功。

沟通特点：以务实的方式主导会谈。喜欢主导整个事情进行的方式。能够直接抓住问题的本质。说话用字简明扼要，不喜欢拐弯抹角。不受情绪干扰和控制。

作为朋友：给予解决问题的方法，而非纠缠在过去。迅速提出忠告和方向。直言不讳地提出建议。

对待工作和事业：动作干净利落，讲求效率。能够承担长期高强度的压力。强烈的目标趋向，善于设定目标。高瞻远瞩，有全局观念。善于委派工作。坚持不懈，促成活动。掌握重点执行。行事作风明快。天生的领导者和富有组织能力。竞争越强，精力越旺，越挫越勇。寻求实际的解决方法。以结果和完成任务为导向，并且高效率。善于快速决策并处理所遇到的一切问题。富有责任感。

4）经典绿色

作为个体：爱静不爱动，有温柔和蔼的吸引力和宁静愉悦的气质。和善的天性，做人厚道。追求人际关系的和谐。奉行中庸之道，为人稳定低调。遇事以不变应万变，镇定自若。知足常乐，心态轻松。追求平淡的幸福生活。有松弛感，能融入所有的环境和场合。从不发火，温和、谦和、平和三位一体。做人懂得"得饶人处且饶人"。追求简单随意的生活方式。

沟通特点：以柔克刚，不战而屈人之兵。避免冲突，注重双赢。心平气和且慢条斯理。善于接纳他人的意见。最佳的倾听者，极具耐心。擅长让别人感觉舒适。有自然和不经意的冷幽默。松弛有度，不疾不徐。

作为朋友：从无攻击性。富有同情和关心。宽恕他人对自己的伤害。能接纳所有不同性格的人。和善的天性及圆滑的手腕。对友情的要求不严苛。处处为别人考虑，不吝付出。与之相处轻松自然又没有压力。最佳的垃圾情绪宣泄处，鼓励他们的朋友多谈自己。从不尝试去改变他人。

对待工作和事业：高超的协调人际关系的能力。善于从容地面对压力。巧妙地化解冲突。能超脱游离政治斗争之外，没有敌人。缓步前进以取得思考空间。注重人本管理。推崇一种员工都积极参与的工作环境。尊重员工的独立性，从而博得人心和凝聚力。

善于为别人着想。以团体为导向。创造稳定性。用自然低调的行事手法处理事务。

不同性格的人怎么打交道？

人们的性格精细地分为四种基本颜色：红色、蓝色、黄色和绿色。这些色彩不仅象征着个体的性格特征，而且蕴含了深远的影响力，它们如同自然界的元素，无声无息地融入我们的行为、情感和决策中。

每个人都或多或少地拥有这四种色彩，只是有一种或两种色彩占据主导地位，决定了个人的性格倾向和行为特点。比如，一个以红色为主导的人，可能会表现出热情奔放、活泼开朗的性格，但也可能会因情绪波动过大而缺乏耐心和稳定性。而以蓝色为主导的人，则可能表现出深思熟虑、敏感细腻的性格，但也可能会因过于敏感而容易受到伤害。

性格色彩系统不仅仅用于职场人际关系，它同样适用于生活、婚姻、家庭等全方位的人际关系。通过了解自己和他人的性格色彩，我们可以更好地理解对方的行为和情感需求，从而建立起更和谐、更有效的人际关系。同时，了解自身的性格色彩，也有助于我们更好地认识自己，理解自己的优点和挑战，从而在人际交往中更加自信和从容。

怎么以色识人，跟不同性格的人打交道呢？

1）红色

在处理与红色人群的关系时，我们需要展现出灵活性与理解。他们追求个人赞誉，喜欢在有理由的情况下展示自己的魅力。因此，我们要支持他们的想法、目标、意见和梦想，尽可能与他们产生共鸣，共同兴奋。红色人群犹如"爱交际的蝴蝶"，他们善于与人打交道，因此，我们需要做好与他们一同飞舞的准备。用强烈、刺激、愉快的语言和幽默来吸引他们的注意，可以赢得他们的好感。

2）蓝色

在面对蓝色人群的性格特点时，我们需要采取不同的适应策略。首先，蓝色人群是严格遵守时间的，他们非常注重时间表的安排。因此，在与他们打交道时，我们要尽量保持准时，并尽量遵守约定好的时间表。同时，蓝色人群也注重细节，因此，我们需要给他们提供足够的数据和信息，以便他们能够作出明智的决策。

蓝色人群是以任务为导向的，这意味着在工作或商业合作中，他们更关注实际的结果和任务的完成情况。因此，在与蓝色人群合作之前，我们应该明确任务和目标，并尽可能避免在细节上出现误差。另外，对于蓝色人群来说，交朋友可能需要一定的时间，但这并不代表他们不能成为我们的朋友。只是，与红色人群不同，交朋友并不是蓝色人群的先决条件。

在解决问题和完成任务方面，蓝色人群喜欢有组织、有系统性的方法。因此，我们要支持他们的这种方式，并在适当的时候给予他们独处的时间，以便他们能够更好地集中精力完成任务。此外，蓝色人群喜欢精确度，因此，我们要尽量避免模糊和含糊不清的表达方式。

在工作团队中，蓝色人群可能不会成为领导者或直言者，但他们通常能够在调查、处理数字和思考问题方面发挥重要作用。因此，我们要充分信任他们的专业知识和能力，并在适当的时候给予他们自由和独立的空间。

蓝色人群喜欢在智力方面得到肯定和赞扬。因此，在适当的时候，我们要肯定他们的贡献，并称赞他们的效率和成果。同时，我们还要尊重他们的时间和空间，并尽量避免在他们面前过于表现自己。

总之，对于蓝色性格的人，我们需要做好充分的准备，以细节为导向，严谨正式，并要有耐心。只有这样，我们才能更好地与他们相处，并取得更好的合作成果。

3）黄色

黄色人群对于时间的要求十分严格，因此我们不能在他们面前展现出任何拖沓的姿态。迅速地做好准备工作，以高效、精准的方式处理事务，是给他们留下良好印象的关键。在与黄色人群交流时，我们应该直截了当地表达自己的意图，提供简洁明了的信息和选项，同时指出成功可能性的方向。

在适当的时候，我们可以为他们提供详细的书面资料，以供他们深入阅读和理解。黄色个性的显著特点是他们的目标导向性，因此我们需要借助他们来完成任务。对于他们的想法，我们应该给予积极的回应，以肯定他们的能力，并谨慎地肯定他们的力量和威信。

让黄色人群承担起责任的重担，激发他们的积极性。在与他们产生分歧时，我们应该就事论事，避免情感上的冲突。在团队中，我们应该给予黄色人群充分的发言权，让他们有机会展示自己的观点和决策能力。总的来说，对待黄色性格的个体时，我们需要展现出自己的效率和能力，以实际行动证明我们的价值。只有通过这种方式，我们才能赢得他们的信任和尊重。

4）绿色

对待绿色人群，应给予他们温暖而模糊的关系，让他们感受到尊重和理解。在建立信任之前，需要耐心地赢得他们的信任，关注他们的感受，并对他们生活的各个方面表示兴趣。在与绿色人群交流时，要根据他们的感受说话，而不是仅仅依据事实，这与对待蓝色人群的策略截然不同。绿色人群不希望有任何麻烦，因此需要确保他们周围的人赞同他们的行为和决定。要给他们足够的时间征求别人的意见，避免把绿色人群留在角落。与用榔头把蛋壳敲碎相比，用热量把绿色鸡蛋孵化更为温和有效。总之，对待绿色人群不要采取胁迫手段，要真诚地表达自己的情感。